DE L'ÉDUCATION

DES

LAPINS.

DE L'ÉDUCATION DES LAPINS,

Ou de l'art de les loger dans des Garennes do-
meſtiques, de les nourrir & multiplier, de
ſoigner leurs petits, d'améliorer leurs races,
& de les rendre auſſi bons & auſſi agréables
à manger que les Lapins de Garenne.

PAR P. J. F. LUNEAU DE BOISJERMAIN.

A PARIS,
Rue ci-devant Condé, n°. 7.

An VII, ou 1798.

AVERTISSEMENT.

LA rareté des subsistances en 1794, *la petite quantité de viande que l'on distribuoit dans les boucheries de Paris,* & *que la compagnie accaparante des subsistances y rendoit rare, sa mauvaise qualité, la cherté énorme de celle qui se vendoit dans les marchés, ont forcé un grand nombre de personnes de cette puissante cité, à chercher les moyens de se former des basses-cours, des volières, des garennes domestiques, dans lesquelles elles trouvassent, à meilleur compte* & *en abondance, une subsistance, qu'on ne pouvoit se procurer ailleurs qu'avec beaucoup de peine* & *d'attente,* & *qu'à des prix exhorbitants.*

Le lapin étant de touts les quadrupèdes, celui qui se multiplie avec plus de fréquence, qui croît avec le plus de rapidité. Cet animal étant aussi l'un de ceux qui donnent des portées plus nombreuses, qui font le moins attendre les fruits de leur fécondité, je me suis occupé à en élever un grand nombre. Ils ont prospéré dans mes mains.

a

Dans l'époque où j'ai travaillé sur cette matière, tout le monde étoit à-peu-près livré à la même occupation. Chaque personne qui a nourri des lapins, a dû former des observations sur ce genre de culture. On fera peut-être étonné que dans une étude qui a eu tant de travailleurs, j'entreprenne d'instruire mes collaborateurs sur l'éducation des lapins, au moment où presque par-tout on a renoncé à ce travail, & que je veuille donner des leçons sur cette partie, à des personnes dont je pourrois en recevoir.

Je n'écris point pour ceux qui ont comme moi recueilli leurs observations sur ce genre de culture ; mais pour les personnes qui voudront s'en faire à l'avenir un travail ou un amusement utile.

On ne devine point les manœuvres des arts. L'habitude qu'on peut y acquérir, est par-tout le fruit de l'expérience. Il faut la prendre sous la main de ceux qui ont été éclairés par elle. Je présente ici mes observations, mes études, mes essais, & mes succès ; ceux qui voudront les répéter parviendront aux mêmes résultats.

Je n'ai pu voir & obſerver tout par moi même. Ceux qui ont vu des faits que j'ignore, ceux qui auront en ce genre des avis utiles à donner au public, pourront me les adreſſer. Je me ferai un plaiſir de les inſérer dans ce petit ouvrage.

L'éducation de touts les animaux qu'on peut rendre domeſtiques fait partie de l'inſtruction publique, & des travaux de l'économie rurale. A ce titre cette matière doit paroître intéreſſante à touts les amis du bien public.

Les lapins de garenne, quoique ſauvages, peuvent être rangés dans la claſſe des animaux do-meſtiques, puiſqu'ils peuvent être ſoumis à l'état de domeſticité.

On peut élever chez ſoi des lapins qu'on a pris vivants dans une garenne ; ils multiplieront beaucoup plus dans la ſervitude à laquelle on les réduira, que dans la liberté dont ils auroient joui dans la campagne.

Les lapins domeſtiques peuvent devenir ſau-vages, quoique plus féconds que les lapins de garenne ; ils perdront une partie de leur fécon-

dité, en acquérant la liberté de vivre indépendants dans une garenne.

L'ouvrage que je publie a pour objet d'apprendre à tout le monde le moyen de faire des garennes domestiques, & de les rendre très-lucratives à ceux qui les auront formées.

On a appelé & on appelle encore **garenne en France**, un bois, un taillis ou une bruyère dont les lapins s'étoient emparés, ou qu'on y avoit établis; & dans lesquels ils vivoient en liberté; où ils faisoient leurs nids; où ils avoient formé leurs rabouillères ou terriers.

Il y a eu deux sortes de garennes en France, des garennes fermées, & des garennes ouvertes.

Les garennes fermées étoient entourées de fossés remplis d'eau, & au-dessous desquels un lapin ne pouvoit fouiller. Il y en avoit qui étoient closes de tous côtés par un mur, fondé à une profondeur si grande, pour que les lapins ne pussent pas se pratiquer une sortie par-dessous la première assise de pierres.

Les garennes ouvertes étoient celles qui étoient

entourées de fossés peu profonds, ou dans lesquels il y avoit peu d'eau. Elles étoient fermées par des hayes vives, ou des clôtures peu solides, à travers lesquelles les lapins pouvoient courir dans la campagne, y pâturer à leur gré, & revenir ensuite se cacher, se tapir, se réfugier, quand ils étoient poursuivis sur le terrein qu'il avoient pâturé, moissonné.

Les garennes ouvertes & fermées, les plus propres à la multiplication des lapins, étoient celles qui étoient situées au midi & au levant. La température chaude est la seule qui convienne à ces animaux.

Le terrein de la garenne doit être sec & un peu léger ; autrement les lapins ne pourroient s'y établir, y former leurs nids. Un sol humide & glaiseux est peu propre à la multiplication de ces quadrupèdes.

Dans le voisinage des taillis, des bruyères, on étoit dans l'usage de planter ou de semer des genêts, des pruniers sauvages, des genévriers. Les lapins aiment beaucoup les feuilles, les tiges, les fruits de ces arbriffeaux. On y femoit, on plantoit auffi du romarin, du thym, du ferpolet, des navets, des pois ou fèveroles, &c, toutes les plantes, en un mot, qu'on croyoit propres à venir d'elles-mêmes & fans culture, & qui pouvoient fournir une nourriture abondante aux lapins qu'on vouloit multiplier.

La manière de peupler une garenne confiftoit uniquement à y lâcher des hazes pleines. On les y laiffoit multiplier pendant deux ans. Un feul mâle fuffifoit pour une cinquantaine de femelles. Dès que ces animaux étoient parvenus à une multiplication confidérable, on faifoit la chaffe aux mâles, on tuoit touts ceux qu'on pouvoit furprendre. Le trop grand nombre de mâles fuffit feul pour détruire une garenne.

On chaffoit le lapin au furet, à la lanterne; on alloit à l'affut de fa fortie du terrier.

Pour chaffer au furet, on faifoit d'abord chaffer le lapin pendant une heure par un baffet bien dreffé. Les allées & venues du chien, fes glapiffements, fes aboyements répétés faifoient terrer touts les lapins.

On tendoit des poches ou bourſes préparées exprès pour cette chaſſe, à l'ouverture des trous, dans leſquels les lapins ſe terroient: on les y fixoit d'une manière aſſurée.

On plaçoit enſuite le furet dans l'intérieur du terrier; on avoit ſoin de lui attacher une petite ſonnette, ou un grelot au col.

Le furet caché dans le trou, pourſuivoit le lapin, le forçoit d'en ſortir & d'entrer dans la poche qui fermoit ſon trou.

On chaſſoit auſſi les lapins à la lanterne. Dans une nuit obſcure, on alloit dans une garenne avec une lanterne qui jettoit beaucoup de lumière. On la poſoit à terre. La lumière invitoit les lapins à ſortir de leurs trous. Ils la prenoient pour celle du ſoleil; ils venoient bondir, courir, ſauter, autour de la lanterne; ſouvent ils y venoient en nombre: on les tiroit, lorſqu'ils étoient réunis.

On alloit auſſi à l'affut des lapins, le matin depuis cinq heures & demie, juſqu'à ſept heures; depuis onze heures, jusqu'à midi; le ſoir une heure avant que le soleil se couchât. Ces heures sont celles où le lapin de garenne quitte son terrier pour manger. On se plaçoit dessus un arbre ou dans un endroit élevé, d'où l'on ne pouvoit pas être apperçu par les lapins ; & quand ils sortoient, on les fusilloit (1).

Il falloit être Seigneur de fief, pour avoir le droit de garenne. Ce droit devoit être établi ou par titres, ou par une possession immémoriale.

---

(1) J'étois un jour à l'affut, monté sur un châtaignier fort touffu. J'avois devant moi un rideau formé par un taillis dans lequel on avoit abattu quelques arbres. Leurs tronçons étoient empilés par demi-corde. Un jeune renard avoit observé le terrier que j'avois devant moi. Il vint se percher sur un de ces tas de bois, vers les cinq heures & demie du soir. Il s'étendit entre deux bûches. Son museau étoit allongé sur ses pattes. Je voulus jouir du plaisir de voir ce qu'il alloit faire. Je le laissai guetter, comme moi, la sortie des lapins. Je devois le tirer, lorsqu'il auroit saisi sa proie. Un lapin sort doucement de son trou. Il se dresse sur ses pattes. Il étend dans l'air les deux conques de ses oreilles, pour saisir toutes les impressions de l'air. Au moment où le lapin alloit se rabattre sur ses pattes de devant, le renard se remue sur le bois pour s'élancer sur lui. Ce

Les

Les lapins qui peuploient une garenne , appartenoient au Seigneur de la terre sur laquelle ils avoient multiplié ; l'homme qui les prenoit ou qui les tuoit, se rendoit coupable de larcin.

Le droit de garenne a été, dans l'origine, comme le droit de fuye, de colombier, une réserve faite sur un terrein vendu par le premier propriétaire.

Un particulier avoit une terre d'une très-grande étendue. Il en a cédé une ou plusieurs parties à plusieurs acquéreurs. En leur cédant ces parties de terre , il a stipulé avec les acqué-

---

mouvement fit partir le lapin; il se terra pendant que le renard sautoit sur lui.

Le renard étonné crut avoir pris mal ses mesures. Il remonte sur son petit observatoire. Il s'y pose avec réflexion. Il se relève une ou deux fois pour se lancer de nouveau. Après un premier essai, il remonte sur le même tas , comme s'il avoit voulu s'exercer à tomber à plomb sur l'objet qu'il vouloit saisir. Un de mes amis qui étoit à l'affut, comme moi , tira un coup de fusil ; il tua un lapin. Ce coup fit partir le renard & interrompit le cours de ses études. J'en fus très-fâché. J'aurois eu moins de plaisir à tuer le renard, au moment où il auroit saisi sa proie, que je n'en eus à lui voir étudier la manière de tomber sur elle.

reurs, que les portions de terrein qu'il vendoit, nourriroient le gibier à poil & à plume, qui y viendroit pâturer, ou de sa garenne ou de ses bois, ou de ses colombiers, ou de ses fuyes, ou des plaines elles-mêmes où il seroit né. Il a également stipulé que lui vendeur & ses héritiers au-roient seuls le droit de chasser le gibier qui se seroit nourri & qui auroit pâturé, ou qui se se-roit établi sur les parties de la terre qu'il vendoit.

Le même propriétaire s'est également réservé le droit de pêcher le poisson dans les courants d'eau qui bordoient ou traversoient sa terre.

Les propriétaires primitifs de cette terre, & de toutes celles de cette espèce, ont eu le droit de faire ces réserves, de grever les choses qu'ils vendoient, de toutes les servitudes qui conve-noient à leur intérêt.

Les personnes qui ont acheté des portions de ces terres, ont eu la liberté de rejetter les servi-tudes, qu'on attachoit à la vente qu'on leur faisoit: ils ont pu ne pas s'y assujettir en n'achetant pas.

En achetant ces terres, en acceptant toutes les conditions sous lesquelles on faisoit la vente des *terreins dont on leur a transporté la propriété, la chasse & la pêche ont été converties en une rente annuelle, que le propriétaire vendeur devoit lever lui-même, en nature, sur les terreins qu'il vendoit, par la poursuite des animaux, qu'il devoit tuer ou par lui-même ou par ceux qu'il chargeoit de ce soin.*

La chasse des quadrupèdes & des oiseaux, qui se trouvoient sur la terre vendue au moment où on les poursuivoit; la pêche du poisson qui se trouvoit dans les canaux ou pièces d'eau, au moment où on y pêchoit, étoient de la part de ceux qui chassoient ou qui pêchoient ces animaux, la perception du droit de cueillir, de récolter ces animaux sur la terre qui avoit été vendue. La chasse & la pêche étoient l'exercice pur & simple de la propriété de ces animaux qui avoit été réservée sur le sol qui avoit été vendu.

L'acquéreur de la terre, sur laquelle le vendeur s'étoit réservé le droit de garenne, celui de pêcher & de chasser, en consentant à la réserve de ce droit, en avoit reconnu la propriété dans la main de celui qui se l'étoit réservée.

En s'engageant à ne pas tuer le gibier qui devoit pâturer ſur la terre, il avoit reconnu que le gibier appartenoit à celui qui devoit le tuer, & qui s'étoit réſervé ce droit ſur cette terre.

En ſe ſoumettant à laiſſer pâturer le gibier ſur cette terre, il s'étoit obligé à ſouffrir qu'il dimât touts les jours ſur la récolte qu'il devoit faire, il avoit conſenti à ne lever ſur la terre qu'on lui avoit vendue que ce que le gibier n'auroit pas conſommé.

A raiſon de cette ſervitude, l'acquéreur de cette terre, avoit payé la portion qui lui avoit été vendue, à un prix moindre que ſi elle n'en avoit point été grévée. Ainſi le fond, ou le capital de cette ſervitude, étoit reſté dans la main du propriétaire primitif qui avoit vendu la terre, grévée du droit de garenne, du droit de chaſſer les lapins qui y étoient nés, &c, &c.

Quand on ne peut récolter ſur une terre que la moitié de ce qu'elle doit produire, on ne doit point la payer autant que ſi on récoltoit tout ce qu'elle peut fournir à ſon propriétaire.

Le gibier à poil & à plume qui pâture ſur une

terre, en se nourissant sur elle, moissonne pour celui qui doit le tuer. Le gibier prenoit au nom du propriétaire auquel il appartenoit, le produit de la réserve, faite originairement pour lui, sur toutes les parties de la terre qu'il pâturoit.

Le propriétaire qui récolte après la pâture du gibier, ne prend sur sa propre terre que ce que le gibier n'a pu manger. Sa moisson est plus forte quand il y a eu peu de gibier, qui a pâturé sur elle ; elle est moins considérable quand il y en a eu beaucoup. Cet ordre de choses étoit connu de touts les acquéreurs, qui ont acheté des terres grévées du droit de garenne.

On a prétendu que le droit de garenne, dont jouissoient en France un grand nombre de propriétaires, étoit un privilège ; & on a eu raison. Il étoit le privilège de la propriété ; un droit spécial qui devoit être exercé en vertu de la propriété sur laquelle on le levoit. Ce droit est encore un privilège par-tout où les droits de la propriété sont respectés.

L'homme qui retient, sur une terre qu'il vend, l'exercice de quelque droit a, sur la terre qu'il a *vendue, en vertu de ſa réſerve, et par privilège, un droit qu'il n'a pas cédé à l'acquéreur de ſa terre.*

On a dit auſſi que l'exercice du droit de garenne étoit dans ceux qui en jouiſſoient, une uſurpation du droit que la nature a donné à tout le monde, de tuer & de prendre par-tout les animaux à poil & à plume, qui vivent ſur la terre, & les poiſ-ſons qui ſe nourriſſent dans l'eau. Cette idée n'eſt pas vraie.

Dans toutes les parties de la terre, qui ne ſont point habitées, la chaſſe & la pêche ſont un droit de la nature & du premier occupant. Tout le monde a le droit de chaſſer dans les dé-ſerts, dans les lieux qui ne ſont point occupés par des propriétaires reconnus. Les plaines déſertes de l'Afrique, de l'Amérique appartiennent à touts ceux qui veulent y aller chaſſer les ani-maux qui les peuplent. Ce droit a duré & dure encore par-tout où la terre appartient au premier uſurpateur qui s'en ſaiſit.

Mais à l'inſtant où la poſſeſſion ſucceſſive &

continue des parties de la terre en a établi la propriété; le droit de la chasse & de la pêche a été réserré & repoussé dans les endroits, qui n'avoient point de propriétaires. Le droit de chasse a cessé par-tout pour ceux qui n'avoient point de propriété en terre. Alors le droit de chasse a appartenu, sur l'étendue de chaque terre, à chaque propriétaire de ce droit, ou à celui qui le représentoit.

L'animal qui vit sur la terre, vient d'elle, est son fruit. Les plantes, qui tiennent par leurs racines à la terre, les animaux qui vivent de ce qui végète sur elle, ont été, sont encore, & seront toujours la propriété de celui qui se l'est réservée.

Chaque propriétaire a eu d'abord sur le terrein qui lui appartenoit, le droit de chasser seul le gibier, de pêcher dans les courants d'eau qui traversoient ou bordoient sa propriété.

Le gibier, le poisson nés sur une terre, cessent d'appartenir au propriétaire qui les a nourris, quand ils fuyent sur une autre terre. Ils redeviennent sa propriété, quand ils y rentrent. Les loix de la nature, sur cet objet, ont été celles de touts les peuples.

Les hommes qui ne font point propriétaires d'une terre, n'ont jamais eu le droit dë chaffer fur celle des autres.

La chaffe eft la récolte du gibier né fur une terre. Il n'y a que celui qui en eft propriétaire qui ait droit de le recueillir.

Un motif d'intérêt particulier a mis, comme on voit, les droits de garenne, de chaffe & de pêche, entre les mains de touts les propriétaires de terres, qui les ont poffédées, & qui les ont tranfmifes à leurs fucceffeurs.

L'intérêt public a depuis exigé que ce droit reftât entre leurs mains, & que les loix l'y maintinffent de toute la force de leur répreffion.

La puiffance confervatrice de touts les intérêts publics a reconnu que fi elle mettoit à la difcrétion de touts les particuliers d'un état, la vie des animaux à poil & à plume, qui vivent librement fur la terre, & de touts les poiffons qui fe nourriffent & fe multiplient dans l'eau, l'efpèce de ces animaux feroit bientôt détruite, ou feroit confidérablement arrêtée dans fa multiplication.

L'intérêt

L'intérêt particulier ne pense qu'à lui seul, qu'au moment où il veut se satisfaire.

La même puissance a de même observé que si elle ne protégeoit pas la propriété sur une partie de ses droits, les autres seroient bientôt attaqués par l'intérêt particulier, à qui tout est bon.

Les loix n'ont vu aucun inconvénient à craindre, en laissant entre les mains du propriétaire les choses qui lui appartiennent. Elles ont eu un intérêt puissant de laisser le gibier & le poisson sous la sauvegarde de l'homme riche, afin que chaque année, le gibier pût renaître, se renouveller & fournir au pays où il naît, la portion de subsistances qu'on tire de lui.

Pour conserver la ressource du gibier & du poisson, les loix avoient transformé en France la chasse & la pêche en un droit exclusif, afin que l'abus de ce droit ne rendît point inutiles les motifs qui avoient déterminé à l'établir, & que rien ne pérît de ce qu'on vouloit conserver.

Des loix sévères réprimoient toutes les atteintes qu'on pouvoit porter à ce droit. Les galères étoient presque toujours la peine de ces délits. Ainsi ce droit étoit protégé, soutenu de

c

toute la force de l'autorité publique, & reconnu par elle, comme un droit juste, et que tout le monde devoit respecter dans la main du propriétaire qui le possédoit.

On a demandé au Roi, en 1789, le rappel des galériens & des bannis, pour simple fait de chasse, l'élargissement des prisonniers détenus pour le même délit, & l'abolition **des** procédures existantes à cet égard.

Ce trait d'indulgence a été une première protection donnée au vol. L'homme qui tue le gibier d'un autre, prend ce qui ne lui appartient pas. Il vole le gibier de celui qui en est le propriétaire. Il le tue dans sa basse cour. Les plaines dans lesquelles paît le gibier, sont la basse cour de celui qui a le droit de l'y chasser.

Les personnes qui ont crié et qui crient encore avec plus de force contre les droits de garenne, de chasse & de pêche, ont voulu qu'on investit de ce droit ceux auxquels il n'appartenoit pas, et que ce droit fût ôté à celui auquel il appartenoit, sans le lui payer. Leur intérêt par-

ticulier a fait trouver juste qu'un autre que le propriétaire primitif eût, sur la terre qu'il avoit possédée, le droit de chasser le gibier qui s'y étoit nourri. Ils ont voulu qu'on leur fît don de ce droit, dont ils n'ont pas payé le fonds.

L'autorité souveraine peut, dans l'état qu'elle gouverne, faire cesser l'existence des droits dont on y jouit; mais quand ces droits ont une exis-tence immémoriale ; quand ils ont tenu lieu d'autres valeurs dans les transactions qui ont été passées entre les particuliers qui les possèdent; quand ils ont été donnés à celui qui en jouit, au lieu et place d'autres propriétés : la loi qui abolit ces droits, c'est-à-dire, qui décharge celui qui les acquitte de l'obligation de les remplir, doit lui ordonner de payer le fonds des droits dont elle le dispense. Elle ne doit disposer du bien de personne ; ôter à l'un ce qui lui appartient, le donner à celui qui n'y a aucun droit.

La loi est une sanction de la justice ; elle ne peut en tout & par-tout tenir d'autre langage que celui que la nature lui inspire. Si elle a été trompée, si elle s'est détournée des règles que

*l'équité lui preſcrit, & qu'elle doit faire obſerver,
elle doit réparer elle-même ſes erreurs.*

*On a dit que le décret, qui a aboli les droits
de fuye, de colombier, de garenne, de chaſſe,
de pêche, &c, avoit été très-avantageux au
bien public; il ne lui a ſervi en rien.*

*Le bien public de la France n'eſt entré pour
rien dans ce décret, puiſque ce bien public
n'a point été opéré par lui, & qu'un effet
contraire en eſt le réſultat.*

*Il étoit indifférent au bien public de la France
que les droits de garenne, de chaſſe, de pêche
fuſſent poſſédés excluſivement par tel ou tel.*

*Il étoit au contraire eſſentiellement utile aux
droits de la propriété qui exiſtoient en France,
que les droits de garenne, de chaſſe, de pêche,
reſtaſſent entre les mains de ceux qui en étoient
propriétaires, puiſque ces droits dérivoient de
leurs proprietés, étoient la repréſentation d'un
fonds qui étoit reſté entre leurs mains, qu'ils
n'avoient point aliéné.*

*Le Dictionnaire de l'Agriculture de l'abbé
Roſier, répète au mot* Clapier & Garenne*, que*

*le cardinal de la Rochefoucaud, dernier arche-
vêque de Rouen, avoit une garenne auprès de
Gaillon, affermée 13,000 livres. Ce prélat l'a*
fit, dit-il, détruire, pour faire ceſſer les cla-
meurs de touts les cultivateurs qui l'entouroient. L'année de cette deſtruction, la dîme
qu'on payoit au cardinal augmenta de 1,000
livres.

*L'auteur conclut de ce fait, que je n'ai au-
cun intérêt de lui conteſter, que la pâture des
lapins de cette garenne enlevoit aux cultivateurs 9,000 livres de leur récolte, puiſqu'au
moment où les lapins ont ceſſé de pâturer, les
champs, qui leur étoient abandonnés, ont produit une dîme de 1,000 livres, dixième de
10,000 livres.*

*L'auteur de ce dictionnaire auroit dû faire ſur
le fait qu'il annonce les obſervations ſuivantes.*

*Pendant que la garenne du cardinal de la
Rochefoucaud a exiſté, il a eu un revenu de
13,000 livres, produit par elle, & qui lui
appartenoit en vertu de ſa poſſeſſion de Gaillon. Ce revenu lui étoit payé par le fermier qui
affermoit ce droit.*

A l'inſtant où la garenne a été détruite, le cardinal de la Rochefoucaud n'a plus retiré de ce fonds 13,000 livres de revenu, mais 1,000 livres, payées en dîmes ſur le terrein ſoumis auparavant au droit de garenne (1).

Selon le calcul de l'abbé Roſier, les cultivateurs qui entouroient la garenne du cardinal de la Rochefoucaud, ont augmenté leur revenu de 9,000 livres, réparties entr'eux ; ils ont diminué celui du cardinal de 12,000 livres de rente.

Ainſi, en détruiſant ſa garenne de Gaillon, le cardinal de la Rochefoucaud a échangé 13,000 livres de revenu, produit par la garenne, contre 1,000 livres de revenu, produit par une dîme

---

(1) *M. l'abbé Roſier prétend dans ſon diƈtionnaire d'Agriculture que dix lapins mangent plus qu'une vache dans une année. Cela eſt impoſſible. Les animaux mangent en proportion de leur groſſeur & de leur poids. Comme il n'y en a aucune entre le poids & la proportion de dix lapins & une vache, l'idée ridicule de M. l'abbé Roſier a été avancée de ſa part ſans aucune réflexion.*

Tout ce que M. l'abbé Roſier dit de ce quadrupède,

recueillie *fur la terre où il exerçoit un droit de garenne très-lucratif.* Le cardinal s'eſt dépouillé de 12,000 *livres de revenu.* Il a fait préſent aux cultivateurs *qui entouroient la garenne, d'un revenu de* 9,000 *livres, réparti entre eux & produit par la récolte qu'il ont levée , & qui n'a point été mangée par les lapins.*

Dans ce calcul *, il y a eu* 3,000 *livres de revenu de perdues pour toutes les parties, puiſque* 13,000 *livres de revenu en chair de lapin ont été remplacées par* 10,000 *livres en grains récoltés.*

La partie des fubfiſtances *en France a fait une perte plus confidérable.*

---

ne paroît pas diété par un obfervateur éclairé , mais par un compilateur fort empreſſé à ramaſſer & à employer fans examen tout ce qu'il lit.

Le lapin ne vit pas feulement de la tige qui produit le grain ; il mange une infinité d'autres plantes qu'on ne récolte point, & dont iu feul met à profit la récolte. Ces plantes , inutiles aux cultivateurs, font converties par la chair & la peau du lapin, en une fubftance utile aux befoins de la fociété.

Le fermier de la garenne, qui payoit 13,000 livres au cardinal de la Rochefoucaud, en retiroit au moins 18,000 livres.

Il employoit à garder cette garenne, à y pourfuivre les lapins, des perfonnes qui occafionnoient une dépenfe de touts les inftants, & qui devoit être levée fur le fonds affermé.

Le fermier ne fe feroit pas chargé de cette ferme, s'il n'avoit eu l'efpérance de bénéficier fur elle.

Les 18,000 livres que le fermier retiroit de cette garenne, étoient produites par la vente des lapins qu'il y faifoit tuer.

Ce fermier recueilloit par conféquent fur fa garenne pour 18,000 livres de chair de lapin, produite par tout ce que les lapins paiffoient fur le fol qu'il parcouroient.

La deftruction de cette garenne a privé le chateau de Gaillon de 18,000 livres en écus, produites par la vente de la chair des lapins, dont 13,000 livres étoient données au cardinal, & 5,000 livres retenues par le fermier, ou perçues par ceux qu'il employoit à faire valoir la ferme de la garenne.

En

En échange de cette quantité de chair de lapin, qu'on n'a plus ramaſſée dans cette garenne, des cultivateurs ont fait une récolte en grains de 10,000 livres, partagée entr'eux & le cardinal. Il y a eu un déficit de 8,000 livres.

Dix-huit mille livres d'argent ont dû être produites par la vente de 20,000 lapins. Cette garenne fourniſſoit aux travaux de l'induſtrie, 20,000 peaux de lapins.

Ceux qui achetoient les lapins & qui les conſommoient, retiroient de la vente de ces peaux, à 5 ſols l'une dans l'autre, 5,000 livres.

Les lapins de la garenne de Gaillon, fourniſſoient donc par an, aux travaux de l'induſtrie, pour 5,000 livres de peaux de lapin & de poil, & pour 13,000 livres de chair bonne à manger. Ce produit a été perdu par la deſtruction de la garenne de Gaillon. Si le cardinal de la Rochefoucaud avoit été plus éclairé, il auroit conſervé ſa garenne pour ſon intérêt particulier, & l'intérêt public l'auroit empêché de la détruire.

Un décret du 4 Août 1789, ſanctionné par Louis XVI, en Novembre ſuivant, article II,

d

a aboli le droit exclufif de fuye, de colombier. Il a été dit que les pigeons feroient renfermés aux époques fixées par le décret; & que durant ce temps, ils feroient regardés comme gibier, & que chacun auroit le droit de les tuer fur fon terrein.

L'article III dit : « Le droit exclufif de la » chaffe & des garennes ouvertes, eft particu- » lièrement aboli. Tout propriétaire a le droit » de détruire ou de faire détruire feulement fur » fes poffeffions toute efpèce de gibier ».

Quel a été le motif qui a fait porter cette loi? Quel en a pu être l'objet ? Le mot fecret de cette énigme n'a été communiqué à perfonne.

Le décret publié contre les garennes, qui a prononcé l'abolition des fuyes, des colombiers, des droits de chaffe, la deftruction des pigeons & du gibier, a porté une atteinte très-grande aux droits de la propriété.

Il a fait un tort confidérable aux propriétaires qui en étoient poffeffeurs ;

Un tort plus grand à l'économie rurale ;

A l'induftrie ;

Au commerce ;

Les droits de fuyes, de colombiers, de chaſſe, appartenoient, à l'époque du décret, à ceux qui en avoient été, & qui en étoient alors poſſeſ-ſeurs, ou par titre ou par une poſſeſſion immé-moriale.

Ce droit avoit été tranſporté à ceux qui le poſſédoient par des actes publics, revêtus de toutes les formes preſcrites par l'autorité publique, qui étoit la ſauve-garde de leur exécution.

Ces droits avoient tenu lieu de propriétés im-mobiliaires dans les tranſactions, dans les par-tages qui avoient été faits, dans les hérédités qui avoient été recueillies.

Ce décret a dépouillé tous les propriétaires qui l'exerçoient, de leur patrimoine & de l'héré-dité qui leur avoit été acquiſe par les droits de leur naiſſance.

Il a dépouillé ceux qui leur avoient ſuccédé, des réſerves qu'ils s'étoient faites en chaſſe & en pêche, ſur toutes les portions de leur propriété primitive qu'ils avoient aliénées.

Il a privé les poſſeſſeurs de ces droits, des produits que ces droits leur rapportoient.

d ij

Il a desinvesti ces propriétaires antiques, ou leurs représentants d'une partie de leur propriété qu'ils n'avoient pas vendue.

Il a délivré les possesseurs actuels du sol, sur lequel ces droits étoient exercés, de la servitude de laisser paître le gibier sur leurs terres, & de les laisser recueillir par celui au profit duquel il paissoit.

Il a dispensé les possesseurs soumis à ce droit de le payer. Il a fait plus. Il a dispensé ces particuliers de l'obligation de rembourser les fonds de ces droits, qui n'étoient point rachetables ni remboursables.

Dans le moment où ce décret a été promulgué, cette loi a donné les animaux qui appartenoient aux propriétaires primitifs, sur le sol desquels ils avoient été nourris & s'étoient multipliés, à touts les hommes qui ont été autorisés à poursuivre & à tuer le gibier, & à pêcher le poisson. Ceux qui s'en sont emparés, n'avoient aucun droit de se les approprier.

Ce décret a fait un très-grand tort à l'économie rurale. En faisant détruire les garennes, les pigeons , touts les animaux fauvages à poil & à plume , qui fourniſſoient chaque année une grande quantité de chair & de viande , on a arrêté , fuſpendu la multiplication de ces animaux. Une famille qui vivoit une femaine entière de gibier , n'avoit point befoin de confommer de la viande de boucherie.

La multiplication du gibier favorifoit la multiplication des animaux domeſtiques.

La confommation du gibier épargnoit celle des animaux domeſtiques. En les détruifant on l'a augmentée.

Dans un pays bien cultivé , il doit y avoir à-peu-près autant d'animaux fauvages , que d'animaux domeſtiques. On ne perd rien en labourant & en cultivant pour eux touts , puifqu'on reprend fous une autre forme , tout ce qu'ils prennent fur la terre en herbes , en grains , en fruits.

Un fanglier , une laye , un cerf , un daim , un chevreuil , un lièvre , un lapin , pâturent les champs , les bois , les taillis , comme les bœufs , les veaux , les chèvres , les moutons.

Touts vivent de végétaux. Touts rendent en chair, en poil & en peau, ce qu'ils ont mangé.

Les faisans, les perdrix, touts les oiseaux qu'on chasse à la campagne, vivent de graines & des insectes qu'ils y ramassent. Ils augmentent la masse des subsistances du sol où ils pâturent par leur fécondité annuelle, & par l'embonpoint particulier qu'ils acquièrent.

Le poisson pâture dans l'eau comme le gibier sur la terre. En échange de tout ce qu'il a cueilli ou ramassé sur les fonds couverts d'eau qu'il habite & qu'il parcourt, il fournit nos tables d'une chair plus ou moins délicate.

L'abondance de ces animaux entretient partout celle des subsistances dont ils font partie. On a perdu touts ces avantages par leur destruction.

Le décret qui a détruit le droit de chasse, de garenne, &c, a fait tort aussi aux travaux de l'industrie françoise ; il en a suspendu le cours & l'activité.

On a manqué en France, & on y manque actuellement de peaux de sanglier, de cerf, de

daim , de chevreuil , de lièvre , de lapin , &c.
Les peaux de ces animaux font employées par
différentes profeffions des arts. Le manque de ces
matières premières a diminué les travaux de
l'induftrie françoife.

Le chapelier qui a manqué de poil de lièvre
& de lapin , n'a pu en faire entrer dans la
fabrication de fes chapeaux.

Le même décret , a fait un tort réel au commerce de la France , par la diminution des travaux de l'induftrie françoife. Il a empêché les
François de mettre dans la balance du commerce
la même quantité de matières premières manufac-
turiées. Il a obligé de faire acheter chez l'étranger pour les fourrures & pour les manufactures
de chapeaux , les peaux & le poil qu'on trouvoit
en grande abondance en France.

La richeffe d'une nation eft dans l'argent qu'elle
poffède , parce que c'eft par lui qu'elle met touts
les travaux en mouvement.

Une nation s'appauvrit,
Quand elle perd fon argent ;

Quand elle eſt obligée de le faire ſortir de chez elle ;

Quand elle ne recueille pas tout ce dont elle a beſoin ſur le ſol qu'elle habite ;

Quand elle eſt obligée d'acheter chez l'étranger ce qu'elle pourroit récolter chez elle.

Plus ce beſoin ſe prolonge , plus elle eſt obligée d'employer de numéraire , pour remplacer ce qui lui manque ; plus le moyen d'appauvriſſement lui nuit d'une manière fort difficile à réparer.

Des étrangers , jaloux de la France , de ſon indépendance des nations étrangères pour tous ſes beſoins , ont pu ſeuls fournir l'idée de quelques loix déſaſtreuſes qu'on a établies en France.

Les étrangers ont intérêt d'interrompre le cours des proſpérités de la France , de la rendre tributaire de leur induſtrie pour ſes beſoins , d'attirer chez eux tout l'argent de la France. Ils ont dit :

Il faut ſupprimer les droits de garenne ; la ſuppreſſion de ce droit mettra tous les lapins à la merci de ceux qui les prendront ;

On

On privera par-là la France, de leur chair, de leur poil, de leurs peaux.

Quand toutes les garennes feront détruites, fi on veut entretenir, en France, les travaux des manufactures de chapeaux, dans le même état d'activité, conferver aux matières fabriquées leur même qualité, il faudra,

Que les François achètent de l'étranger les peaux de lapin qui leur feront néceffaires;

Qu'ils leurs foient foumis pour ce befoin;

Que les manufactures fufpendent leurs travaux, ou qu'elles diminuent la qualité de leurs marchandifes.

Dans touts les cas, on nuira à l'induftrie du peuple françois.

Si les manufactures de chapeaux ne donnent pas des marchandifes de la même qualité, on ceffera de tirer de la France ceux qu'elle fourniffoit. Moins on y fera de demandes, moins il y aura de travaux.

La diminution des travaux dans ce genre en amenera la ceffation, ou du moins elle diminuera confidérablement les profits immenfes qu'ils

e

procuroient. Un gran *peuple s'appauvrit touts les jours, il augmente la maffe de fes befoins & de fes privations, quand il eft fans travaux, fans moyens de s'en former.*

Ces étrangers ont dit auffi :

Il faut détruire en France le droit de chaffe. En le détruifant, tout le monde fe jettera fur le gibier. Il fera bientôt détruit. Sa deftruction empêchera fa reproduction. Elle occafionnera une confommation plus grande de bœufs, de veaux, de moutons, de chèvres, de boucs, de chevreaux.

Plus on détruira de ces animaux domeftiques, plus on diminuera leur reproduction.

Deux avantages réfulteront de cette fuppreffion. Le gibier qui ne fera point reproduit, ne fournira ni chair, ni peaux, ni cornes.

La diminution des veaux, des moutons, produira le même inconvénient. Il y aura moins d'engrais, & bientôt moins de récoltes.

Moins une nation recueille fur elle-même de productions végétales ou animales, plus elle eft obligée d'en acheter chez les autres.

Moins une nation trouve chez elle ce dont elle a besoin, plus elle est obligée de recourir à d'autres pour s'en fournir. Plus elle achète avec son argent, plus elle s'appauvrit. Ce principe est une règle sure en économie politique.

Ces étrangers ont dit enfin :

Il faudra détruire le droit de pêche. Ce droit abandonné à touts ceux qui voudront s'en emparer, livrera le poisson d'eau douce à l'industrie de ceux qui le poursuivront. La diminution du poisson de cette espèce sera l'effet certain de la liberté de s'en saisir.

Pour opérer plus promptement cette diminution ou la destruction totale du poisson d'eau douce, il faudra ;

Lever la bonde de touts les étangs ;

Combler les fossés remplis d'eau, qui bordent les terres & qui sont remplis de poisson.

En détruisant les étangs, on dispersera les eaux qui remplissent les bassins employés à l'entretien des canaux. Le défaut d'eau arrêtera dans les canaux le transport des marchandises, en fera avarier une partie, les renchérira toutes.

e ij

En difperfant de touts côtés les eaux en France, on les rendra inutiles à la multiplication du poiffon. Le poiffon ne peut vivre que dans l'eau.

En rendant le poiffon d'eau douce rare, on forcera le peuple françois de remplacer par de la viande de boucherie, la part que le poiffon d'eau douce prenoit dans les confommations. On réduira en même temps le peuple François à la néceffité de recourir au poiffon falé des Anglois, des Hollandois.

Lorfque les loix fur les étangs ont été promulguées, tout le monde fe rappelle les falaifons dégoûtantes dont ces étrangers ont couvert les marchés de nos villes. Pour que cette vente fût prompte, & qu'on ne pût pas échapper à la néceffité de l'opérer, tout manquoit à la fois. Le mauvais feul en tout genre abondoit; mauvais pain, mauvaife viande, mauvais poiffon. Le génie du mal étoit par-tout, celui du bien ne fe voyoit nulle part.

Quand les François auront épuifé touts les moyens qu'ils ont employés depuis 1789, à dévaffer la France & à renverfer touts les monuments de leur induſtrie & de leur gloire, à tarir toutes les ſources de leur aiſance, il eſt à préſumer qu'ils penſeront à recouvrer touts les avantages dont ils jouiſſoient avant toutes ces deſtruĉtions, & qu'ils chercheront les moyens de r'ouvrir les ſources de la proſpérité. Elle naît par-tout de l'abondance de tout ce qui eſt néceſſaire aux travaux de l'agriculture, de l'induſtrie & du commerce.

Les dégats prétendus que faiſoient les lapins dans les campagnes, n'ont pas dû être le motif du décret qui a fait détruire les garennes. Ceux qui ſouffroient ces dégats, s'étoient ſoumis à les ſupporter, en acquerrant les terres ſur leſquelles le gibier ſe multiplioit.

Ces terres avoient été vendues par les propriétaires primitifs du droit de chaſſe, à un prix fort inférieur à celui qu'on auroit exigé, ſi ce droit de chaſſe n'avoit pas exiſté.

Les poſſeſſeurs de ces terres ou ceux qui les avoient précédés dans cette ſervitude, à l'époque du décret, avoient reçu l'indemnité de ces dégats, par le contrat même de leur acquiſition. Le décret n'avoit rien à reparer à leur égard, puisque d'une part, ils avoient été dédommagés par le prix moindre qu'ils avoient payé, du tort qu'ils devoient essuyer sur les terres qu'ils avoient acquises, grévées du droit de chasse & de pêche, & que de l'autre part, ils retenoient entre leurs mains le fonds, qui devoit assurer annuellement le payement de leur indemnité.

De son côté, le propriétaire du droit de chasse & de pêche, ne pouvant êtr' indemnisé que par le gibier ou le poisson qu'il devoit ramasser, de l'avance qu'il avoit faite à son acquéreur ou du prix inférieur, auquel il avoit vendu la terre, sur laquelle il devoit chasser ou pêcher; il falloit bien que le poisson & le gibier prissent leur nourriture sur cette terre, puisque le propriétaire qui l'avoit vendue, avoit laissé entre les mains de l'acquéreur un fonds, dont le produit annuel devoit payer la pâture que le gibier recueilleroit.

Par sa pâture, par son accroissement au profit de celui qui devoit le chasser & le tuer, le gibier prenoit sur le sol qu'il pâturoit, ce que le pre-

mier vendeur de la terre s'étoit réfervé fur elle,
pour fon gibier, ce qu'il y avoit laiffé pour affurer
à fon gibier le droit d'y pâturer.

Le gibier qui étoit tué par les fucceffeurs du
premier vendeur, ou du premier propriétaire de
la terre, payoit, par la chair qu'on récoltoit en
le tuant, l'intérêt du prix fupérieur qui n'avoit
pas été exigé en vendant la terre. Le gibier étoit
par lui-même ou par fes productions la rente de
ce prix.

Il eft fûr que la chaffe & la pêche étoient une
rente en nature, une rente payée en chair & en
poiffon, fur toutes les terres fur lefquelles on la
percevoit, levée par celui-là même auquel elle
appartenoit, & qui en étoit le percepteur direct.

Il eft fûr que cette rente repréfentoit un fonds
fourni pour en jouir.

Il eft fûr qu'il n'y a point de terre, fur laquelle
le droit de chaffe & de pêche n'ait été dans l'origine une réferve faite par celui, qui a vendu la
portion de terre qui étoit foumife à ce droit.

Il eft fûr que dans les tranfactions, les droits
de chaffe & de pêche, tenoient lieu d'autres

valeurs, qu'elles repréfentoient les fonds qu'elles remplaçoient.

Il eft fûr qu'une terre qui avoit droit de chaffe & de pêche, étoit vendue plus cher à raifon de ce droit, qu'une autre terre de même nature qui n'avoit pas été inveftie de ce droit..

Le gibier qui paît dans la campagne, pouffe fur elle comme les plantes. Il croît par-tout au profit de celui qui a droit de le pourfuivre, de le tuer.

Le gibier rend avec ufure, en chair, à fon propriétaire ce qu'il prend en herbes, en graines ou en fruits. Il s'acquite en chair de la récolte qu'il prend & vole fur le fol qu'il a pâturé, comme les animaux domeftiques transforment & changent en viande, pour notre ufage & nos befoins, la paille, le foin & les grenailles dont on les nourrit.

Le gibier eft auffi important dans fon efpèce, dans l'économie rurale, que les volailles & les autres quadrupèdes qui font partie de nos fub-fiftances. Il appartient comme eux à nos befoins.

Il

Etant soumis comme eux à toutes les loix qui assurent la propriété, il devoit rester dans la main de celui à qui il appartenoit, & qui avoit le droit d'en disposer.

Il est sûr que toutes les personnes qui étoient soumises aux droits de chasse & de pêche, & qui les payoient, jouissent aujourd'hui du fruit qu'on récoltoit sur eux par la chasse & par la pêche.

Il est sûr qu'ils n'ont rien fourni pour être exemptés du payement de cette rente, en chasse & en pêche, & qu'ils sont aujourd'hui possesseurs du fonds & de la rente.

Il est sûr qu'ils doivent l'un & l'autre, à ceux auxquels ils la payoient.

On doit le prix de tout ce dont on jouit à celui qui en jouissoit légitimement, & à qui on n'en a pas fourni le prix.

Ce principe est une maxime immuable de la justice, & l'une des bases sur lesquelles repose toute espèce de propriété.

f

Il ne peut être contesté, combattu, rejetté que par les personnes qui ne voyent que leur intérêt, dans les rapports qu'ils ont avec la société, & chez qui l'intérêt public n'entre pour rien dans leurs rapports avec elle. Ils ont grand tort. On ne peut être appuyé, protégé utilement que par la société dans laquelle on vit. Touts ne font pas attention que leur jouissance, leur bonheur particulier, n'a d'autre sauve-garde que le bonheur public ; que leur sureté particulière, leurs jouissances même ne peuvent être durables, qu'autant que les chofes, qui tiennent au bien public, n'éprouveront aucune atteinte qui les fasse cesser, qu'autant qu'elles feront toujours réglées d'après les principes de la justice distributive la plus sévère.

Les hommes ne se font réunis en société que pour mettre en commun leur industrie, leurs talents, que pour recueillir les avantages les plus étendus de cette réunion.

Toute association politique va contre ses intérêts, quand elle nuit au bien public, pour favorifer le bien particulier.

Les loix n'ont d'autre objet que de maintenir la propriété dans la main de ceux auxquels elle appartient. Elles n'ont point été imaginées, pour dépouiller l'homme tranquile & juste de ce qu'il possède ; elles ne doivent servir nulle part à disposer du bien d'autrui. La puissance publique de touts les pays de la terre n'a concentré la force de touts, que pour assurer l'exercice de la propriété, que pour la mettre à l'abri des usurpations de l'injustice. Si les avantages attachés à la propriété n'avoient pas eu besoin de cet accord de puissance & de soumission, la société auroit été inutile, & les loix l'auroient été comme elle.

On doit espérer qu'un retour prochain vers la justice fera rendre à touts les propriétaires les droits qui leur appartenoient, ou le fonds que ces droits représentent. La justice est la base & la première sauve-garde de touts les gouvernements.

Le lapin donne par sa chair & par sa peau à celui qui l'élève, une compensation très-avantageuse de ce qu'il reçoit. S'il diminue la récolte du propriétaire qui est obligé de le nourrir pour un autre, il peut devenir très-utile en lui ôtant la liberté de courir dans les campagnes, d'y creuſer la terre & de s'y établir. Il ſuffit pour cela, de donner aux lapins une demeure ſaine & ſalubre, dans laquelle ils puiſſent croître & multiplier ſans trouble & ſans inquiétude.

On appelle garenne domeſtique, un endroit clos & fermé avec ſoin, dans une cour, un jardin ou un parc, deſtiné à nourrir & élever une ou différentes races de lapins, dans des loges particulières & ſeparées les unes des autres.

L'art de ſubſtituer des garennes domeſtiques, uniquement avantageuſes aux garennes ouvertes, eſt une idée utile & précieuſe, même pour les habitants des villes & des campagnes. J'ai cru devoir indiquer la manière dont on peut, je crois, la rendre à eux touts plus agréable & plus lucrative.

Il n'y a point de cultivateur, depuis le plus riche juſqu'au plus pauvre, qui n'ait le temps & les moyens de nourrir quelques couples de lapins. Touts feront indemnifés de ce foin par les profits que cette éducation leur procurera, par l'économie dont elle fera pour l'état, dont le bien être eft l'avantage de touts.

Cette idée peut auffi être utile aux habitants des villes, qui trouveront dans les produits de leurs terres, dans leurs jardins & dans les débris de leur confommation, des moyens de nourrir fans frais, un nombre plus ou moins confidérable de lapins.

Les marchands de légumes dans les villes, ont le plus de facilités pour former chez eux une garenne domeftique. Comme touts les légumes abondent autour d'eux, ils peuvent employer à nourrir des lapins, toutes les plantes légumi-neufes qui ont dépéri dans leurs boutiques, & perdu leur eau. Ils peuvent auffi leur donner à manger la dépouille des légumes qu'ils veulent préfenter dans un plus grand état de fraîcheur. Ce qui feroit perdu pour eux, comme mar-chandife, fe convertira fous leurs yeux en une autre fubftance qu'il pourront vendre ou manger.

f **

Les marchands de grenailles peuvent aussi nourrir des lapins avec les graines de toutes espèces, qui tombent dans le mésurage, & qui ont été écrâsées ou foulées aux pieds. Ils peuvent leur donner la partie de fourrage qui s'échappe des bottes dans leurs magasins, dans le déchargement des voitures qui les apportent.

Les moyens de nourrir des lapins, se trouvent à la disposition de tous ceux qui voudront se charger de leur éducation; il ne faut pas être riche pour en élever.

L'établissement des loges dans lesquelles on doit les placer, la formation ou l'achat d'un auge, d'une cuvette, d'un ratelier pour chaque loge, sont les seules dépenses que l'on ait à faire pour commencer la culture de cette espèce d'animaux. Cette dépense n'est point au-dessus de la portée de tous ceux qui voudront l'entreprendre. On peut employer à la formation des loges & des petits ustensiles qui y sont nécessaires, toutes sortes de planches, de débris de portes, d'armoires, &c. Quelques journées d'ouvriers suf-

firont pour adapter ces bois à l'usage nouveau que l'on en voudra faire.

Les instructions que je présente sur l'éducation des lapins, peuvent convenir à toutes les espèces de ce quadrupède qu'on voudroit élever. Elles ont été recueillies en élevant la plus belle espèce de lapins. Ceux qui n'auront pas la facilité de se procurer des lapins de grande raçe, pourront également multiplier ceux d'une race inférieure. Cette culture prospérera dans leurs mains, s'ils veulent suivre les procédés que j'ai suivis. Elle ne sera pas plus dispendieuse pour eux que pour moi, & elle sera certainement aussi fructueuse.

On ne doit pas regarder la culture des lapins comme un objet peu important pour le particulier qui se chargera de les élever, ou pour l'état dans lequel on prendroit ce soin. Les lapins font partie de nos subsistances; plus on les multiplie, plus ils nous fournissent de matières alimentaires; plus ils étendent cette branche de l'économie animale. Sous cet aspect, ils méritent toute la surveillance des gens chargés d'entretenir l'abondance de toutes les denrées.

Le Gouvernement doit recommander aux cultivateurs de multiplier cette espèce d'animaux, de préférer les plus belles races, de chercher même à les améliorer. On y réussira en mêlant les races, en les croissant, en unissant toujours un mâle de la plus grand espèce à une femelle de la même classe.

Dans ce genre de travail, il n'y aura rien de perdu pour l'intérêt particulier. Chaque cultivateur retirera de ses soins & de ses peines, une indemnité précieuse qui en sera la récompense ; l'état une plus grande quantité de chair, de peaux de lapins. Les lapins sont de touts les quadrupèdes domestiques que l'on élève & que l'on mange, ceux qui multiplient le plus, qui coûtent le moins à nourrir, & sur lesquels il y a le moins à perdre.

D E

DE

L'ÉDUCATION

DES

LAPINS,

*Ou de l'art de les loger dans des garennes do-
meſtiques, de les nourrir & multiplier, de
ſoigner leurs petits, d'améliorer leurs races,
& de les rendre auſſi bons & auſſi agréables
à manger que les Lapins de Garenne.*

DE L'ÉDUCATION.

DES

LAPINS.

Manière de loger les Lapins.

IL faut établir dans une baſſe - cour un hangard exactement fermé, & qui ſoit bien aëré, expoſé au Soleil Levant, au Midi ou à l'Occident, & jamais au Nord.

On doit y conſtruire en planches, pluſieurs rangs de loges & de cabanes. On peut auſſi les placer dans une chambre par bas, carrelée ou pavée, bien aërée, & expoſée également à l'Orient, au Midi ou à l'Occident.

Chaque loge, ou cabane, doit avoir au moins quatre pieds de long, ſur trois pieds de largeur, & deux pieds & demi de hauteur.

L'efpace dans les loges eft néceffaire. Il faut que les lapins puiffent aller & venir, fe dreffer fur leurs pattes, quand l'idée leur en prend. Il faut que leur famille, ordinairement nombreufe, puiffe y être à l'aife, y tourner avec facilité. Il faut que l'endroit où l'on dépofe leur nourriture, foit féparé de celui où ils dépofent leurs excréments. La fanté de ces animaux dépend de l'état d'aifance & de propreté dans lequel ils vivent.

Les loges doivent être folidement conf-truites. Aucun animal carnaffier ne doit pou-voir y entrer. Elles doivent être fermées de touts côtés, & grillées en fil de fer; de manière que les rats ni les fouris ne puiffent y pénétrer. Il faut leur en fermer l'entrée, leur faire une guerre continuelle, entourer les loges de pièges, dans lefquels on puiffe les prendre.

Le plancher des loges, ne doit pas être pofé horizontalement, mais un peu plus élevé d'un côté que de l'autre. il doit for-mer une pente qui ne foit pas trop rapide,

& qui facilite l'écoulement des urines.

Les loges, ou cabanes, doivent être élevées de six à huit pouces au-deſſus du plancher. Il faut qu'on puiſſe balayer au-deſſous de l'endroit où elles ſont établies, y jetter de l'eau, y nétoyer la boue ou la craſſe que peut y former l'urine qui y ſeroit tombée.

Les loges ne doivent pas être appliquées ni fixées aux murs ou aux cloiſons, qui forment les clôtures du hangard. Il faut que l'air puiſſe y circuler librement, & qu'on puiſſe tourner de touts côtés, pour voir & obſerver les lapins. Néanmoins, ſi on n'a pas un aſſez grand local pour diſpoſer les loges des lapins de cette manière, on peut les fixer ou les attacher ſolidement au mur.

Chaque loge doit être fermée par une porte, en un ſeul battant, ou à deux battants. Cette porte doit être aſſez grande pour agir librement dans la loge.

Cette porte doit être placée dans le mi-lieu de la devanture de chaque loge. Par ce moyen, on pourra nétoyer fon intérieur, quand on voudra en retirer le fumier, ou en ôter les petits lapins qui auroient atteint l'âge du fevrage.

Si on préfère d'ouvrir la cabane par le haut, il ne faut pas qu'un feul couvercle ferme toutes les loges. Un inconvénient très-défagréable réfulte de cet ufage.

Lorfque plufieurs loges font ouvertes à la fois, les lapines fautent d'une loge dans une autre ; elles fe battent.

Si les lapines font de la même couleur & de la même force, on ne peut plus diflinguer à quelle loge l'une ou l'autre appartiennent; fi elles ont des petits, & que plufieurs de la même couleur & de la même force ayent changé de loge en y fautant, on rifque de mettre dans une loge, une lapine qui n'y retrouvant point fes petits, fouillera le nid de celle qu'elle aura remplacée, & en tuera la petite famille.

La couverture de chaque loge doit être poſée en pente douce , & inclinée ſur le devant. Il faut que les immondices qui pourroient y tomber , ne puiſſent pas s'y fixer ; que l'urine qui coulera de la loge ſupérieure puiſſe gliſſer aiſément. La couverture doit déborder , de deux ou trois pouces , le devant de la loge qu'elle couvre.

On peut placer deux cabanes l'une ſur l'autre , laiſſer alors entre la couverture de la loge inférieure , un intervalle de ſix à ſept pouces. Il ſuffira pour balayer, nétoyer par-deſſous , & repouſſer les immondices qui ſe ſeroient arrêtées entre les deux loges.

La multiplicité dans les loges eſt néceſſaire ; elle contribue à entretenir les lapins dans une parfaite ſanté ; elle prévient les querelles , les batteries entr'eux , les contagions qu'un animal malade ou mort , peut communiquer à ceux avec leſquels il vit.

Une ſalle par bas , de douze ou treize pieds en quarré , peut tenir dans tout ſon pourtour , deux , trois rangs de cabanes.

On placera au milieu de cette pièce deux caiſſes adoſſées l'une à l'autre , & fermées exactement. On mettra dans l'une le ſon , & dans l'autre l'avoine, & les autres grenailles qu'on deſtinera à la nourriture des lapins. On mettra dans une corbeille ou dans un panier , les légumes qu'on leur diſtribuera.

Le lapin ſaute très-haut. Si on établit une garenne domeſtique par le bas , & dans une ſalle , il faut en fermer les fenêtres par un réſeau de fil de fer , afin que les lapins ne puiſſent pas s'échapper. Le réſeau doit auſſi empêcher les ſouris , les rats , les chats , d'entrer dans cette ſalle ; les mailles doivent être étroites.

Uſtenciles néceſſaires aux Cabanes des Lapins.

On doit mettre dans chaque loge un rate-lier, que les lapins ne puiſſent ni déplacer , ni renverſer , & qui n'empêche pas de les nétoyer.

Le ratelier doit être fermé par en haut.

La planche qui en fermera le couvercle, doit être attachée à la cloifon de la loge, ou avec des couplets de fer, ou avec des cour-roies de cuir, cloués fur le couvercle & fur la cloifon ; il faut que ce couvercle puiffe fe lever à volonté, & fe fixer pendant qu'on remplit le ratelier.

La couverture de ce ratelier doit être pofée en pente, un peu inclinée, afin que fi les lapins y montent, l'urine puiffe s'écou-ler, & ne point tomber fur le fourrage qui fera dans le ratelier. Ce couvercle doit dé-border le ratelier d'un pouce.

On met dans le ratelier, le foin, la luzerne, le treffle, les plantes sèches & aro-matiques que le lapin peut aimer, & les herbes en verd qu'on peut lui fournir.

Le ratelier pour un lapin ne doit pas avoir plus d'un pied de long en tout fens. Dans la partie inférieure par laquelle il doit tenir à la cloifon de la loge, dans laquelle il doit être fixé, il doit avoir par le bas un pouce & demi de bâillement ou d'ouverture. En s'éloignant du bas il doit s'élargir. Trois pouces & demi d'ouverture par le haut fuffifent. Le ratelier doit être fermé de deux côtés.

Le devant du ratelier doit être grillé avec des tringles de fer d'une ligne de diamêtre. Plus les lapins font jeunes, plus les tringles doivent être près les unes des autres. Pour empêcher les lapins d'entrer dans le ratelier, ces tringles doivent être pofées à huit lignes l'une de l'autre, pour les lapins d'un mois & demi ; à dix lignes, pour les lapins de deux & trois mois ; à un pouce, pour les lapins de quatre à cinq mois ; à un pouce & demi, pour les lapins de fix mois.

Le ratelier doit être appliqué à l'un des côtés de la cloifon de la cabane, à trois pouces au-deffus du niveau du plancher, pour les loges des mères, & à fix pouces de ce plancher pour les loges des mâles.

Il faut placer dans chaque cabane une auge.

auge. Cette auge fervira à mettre le fon, l'avoine & les légumes coupés par tranches, qu'on leur donnera.

Les auges ne doivent pas être plates, mais creufées en goutières arrondies, ou en cylindres creux, afin que le lapin puiffe ramaffer par-tout avec la même facilité le fon ou les graines qu'on lui donne à manger.

Quand les auges font plates, les lapins ne peuvent pas prendre le fon, l'avoine qui fe trouvent dans les angles formés par les bordures & le fond. Ils foulèvent l'auge ; ils la fecouent, pour éloigner du bord intérieur les graines qu'ils y fentent.

Les auges doivent être fixées à l'endroit où elles font placées, afin que les lapins ne puiffent pas les déplacer. Elles doivent être élevées d'un pouce au-deffus du plancher, dans les loges des femelles, & de deux pouces, dans celles des mâles. Les lapins de tout âge, avant ou après avoir bu, faififfent avec leurs dents incifives, leur auge ou leur cuvette; ils la renverfent fens-deffus-deffous, & ils la promènent dans leur loge.

B

Avantages qui réfultent de l'ufage de mettre la nourriture des lapins dans des rateliers, & des auges.

Le ratelier a plufieurs avantages ; il économife les provifions alimentaires des lapins; il les empêche d'être foulées aux pieds, falies, flétries.

Si le lapin, en allant & venant, renverfe l'auge dans laquelle on met le fon & l'avoine qu'on lui donne, il en perd une partie ; il la pétrit avec fon crottin. Ces graines font-elles imprégnées de l'odeur de fes excréments, elles font perdues ; il ne les mange point.

Les légumes & le foin, en fe mêlant avec le crottin, augmentent la mal-propreté de la loge, le fumier & la mauvaife odeur qui en exhale.

Ces inconvénients n'ont point lieu, quand la nourriture eft renfermée dans un ratelier, quand les graines qu'on lui a données, font contenues dans une auge immobile, élevée au-deffus du plancher.

Propreté dans laquelle il faut entretenir les lapins.

La plus grande propreté eſt néceſſaire à la ſanté des lapins. Il faut nétoyer touts les jours les cabanes des lapins, comme on nétoye touts les jours l'écurie d'un cheval. On doit enlever le crottin, ôter la paille qui a été ſalie par leur urine, en mettre de nouvelle, balayer chaque loge, & tranſporter loin de la loge le fumier qu'on en aura enlevé.

Les lapins dépoſent toujours leurs urines dans le même endroit; on peut le remarquer, & placer au-deſſous un vaſe dans lequel l'urine coulera. Cette attention diminuera ſingulièrement la mauvaiſe odeur des loges.

L'air des loges doit être renouvellé touts les jours.

On doit ouvrir touts les matins les fenêtres qui ferment l'endroit où les loges des lapins ſont établies; changer l'air que la durée de la nuit a pu échauffer & charger de miafmes urineux.

Quand on en a la facilité, il faut parfumer de temps en temps, les garennes domeftiques; jetter du vinaigre fur une pelle rouge; mettre dans un réchaud allumé des graines de geniêvre, & les y laiffer brûler. Une fumigation de plantes aromatiques eft très-bonne & très-falutaire aux lapins.

Nourriture des lapins.

Les perfonnes pauvres des villes nourriffent leurs lapins de feuilles de choux, de carottes, de navets, de chicorée, qu'ils ramaffent aux portes des maifons, ou aux coins des bornes, & dans les marchés. Cette nourriture, toute mauvaife qu'elle eft, leur procure des portées de fept, huit, neuf & dix lapins.

Cette efpèce de nourriture peut fuffire pour toute efpèce de lapines mères, & pour les mâles qui font deftinés à multiplier leur efpèce.

Une perfonne qui auroit un grand jardin, un vafte plan de choux , pourroit réduire touts fes lapins , & même leurs petits, à ne manger que des feuilles vertes de cette plante , & pourroit fe former une garenne nombreufe.

Les gens de la campagne nourriffent les lapins à - peu - près de la même manière. Ils ajoutent à cette nourriture , les herbes à lapins qu'ils peuvent ramaffer dans les jardins, les campagnes , les vignes , les feuilles de nos plantes légumineufes dont on ne fait point ufage. Ceux qui font un peu plus aifés , donnent aux lapins qu'ils élèvent , du fon & des croûtes de pain , &c.

Manière dont les perfonnes aifées nourriffent leurs lapins.

Les perfonnes aifées nourriffent leurs lapins de verdure , de plantes sèches. Elles ajoutent les herbes à lapins à toutes les plantes légumineufes qu'elles leur font manger. Elles leur donnent une petite ration de luzerne , de treffle , de fainfoin ou de foin. Elles joignent à cette nourriture , qui eft plus fubftantielle que la première , une petite quantité de fon , mêlé d'orge ou d'avoine. Cette manière de nourrir les lapins eft préférable aux deux premières. Elle doit être employée pour touts les lapins qu'on fait travailler à la propagation de leur efpèce ; elle peut même fervir à nourrir les lapreaux qu'on veut manger , & qu'on deftine pour la table.

Plantes , graines & fruits qui peuvent fervir à la nourriture des lapins.

On peut nourrir les lapins de fon , de froment mêlé avec de l'avoine , de l'orge , & du b'ed noir. On peut leur faire manger du bled de Turquie , toutes fortes de graines , de criblures de bled , les nourrir uniquement de plantes sèches , de foin , de luzerne , de treffle , de fainfoin , de paille d'orge & d'avoine.

On peut les nourrir en vert , de fruits verts & mûrs , qui font piqués par les vers, de to-

pinambours , de pommes de terre, de carottes, de navets , de betteraves , de choux,
de mâches, de toutes les plantes légumineufes qu'on ne veut point manger. On peut
leur donner des feuilles, & bourgeons de vi-
gne, d'orme, des feuilles de bruyère, de genêt, des feuilles & baies de genièvre , de pru-
nier fauvage. Cette nourriture leur donne du
fumet; elle fait prendre à leur chair un goût
auffi bon que celui du lapin fauvage.

Les lapins aiment la traînaffe , le laceron,
le petit chardon , la mauve hâtive , le glou-
teron , le piffenlit, le feneçon , le perfil,
l'eftragon , la pimprenelle , l'angelique , le
céleri , le fenouil , &c , &c , &c.

Manière dont on doit nourrir le mâle.

La beauté de la race des lapins qu'on élé-
vera, dépend de la force & de la vigueur du
mâle. On doit s'attacher à l'entretenir toujours dans le même état de force & d'embonpoint.

On peut le nourrir de vert & de fec , mêlés

enfemble, ou feulement de fec & de verdure, quand on en a la commodité. On
obfervera ce que le mâle qu'on a, aimera le
mieux. On cherchera à entretenir fon appétit
par la variété des chofes qu'on lui donnera.
Le chef de la garenne a befoin d'une nourriture forte. On aura foin de lui donner touts
les jours une poignée de fon, ou d'avoine, ou
d'orge, ou de bled noir, à toutes les heures
auxquelles on lui diftribuera fa nourriture.

On lui donnera de temps en temps des
tranches de pommes de terre, de carottes,
du céleri, des racines de perfil & des feuilles
de toutes les plantes légumineufes qu'on
pourra fe procurer, & qui pourront lui
plaire.

*Les lapins peuvent être nourris de plantes
sèches.*

On peut nourrir des lapins, comme les
chevaux, de plantes sèches. On doit alors leur
donner de l'eau à boire, & pour nourriture,
de la luzerne ou du treffle, du fainfoin &
du

du fon mêlé d'orge, ou d'avoine ou de bled noir.

Peu de perfonnes font dans l'ufage de donner de l'eau à boire aux lapins, parce que peu ont obfervé que ceux qui vivent le long des rivières, vont s'y défaltérer dans les temps chauds, & qu'ils vont y boire toutes les fois que la nourriture qu'ils ont prife leur fait éprouver le befoin de la foif (1).

Si les lapins ont fait fauter du crottin dans l'eau, il faut la changer. Le crottin de lapin communique à l'eau une teinture jaune, une couleur de fouffre. Il l'aigrit & la fait

---

(1) Un jeune lapin, preffé par la foif, courroit de touts côtés pour trouver de l'eau. Ayant fauté la barrière qui le renfermoit dans le local où il étoit élevé, il vit une grande cruche qui tenoit près d'un fceau d'eau. Il fe pencha, à ce qu'il paroît, fur fon ouverture. On avoit ôté de cette cruche à-peu-près le tiers d'eau, & elle fe trouvoit trop éloignée de fon ouverture. Le jeune lapin plongea, à ce qu'on préfume, fa tête dans la cruche, &, voulant s'approcher de l'eau, fon poids l'y fit tomber tout entier. J'arrivai au moment où il fe débattoit pour s'élever au-deffus du niveau de l'eau. Je l'en tirai, je l'étendis fur de la paille. Il y refta fans mouvement; il étoit froid. Je l'effuyai avec foin. Je l'enveloppai à plufieurs reprifes dans des linges très-chauds, & à force de foins, je le rappelai à la vie.

C

entrer très-promptement en fermentation, quand il y a séjourné quelque temps.

Les petits lapins commencent à manger le quinzième & le seizième jour de leur naiſ-fance. J'en ai vu boire de l'eau, le vingtième jour, y revenir à pluſieurs repriſes, après avoir rongé des feuilles de luzerne & mangé un peu de foin.

La cuvette qui doit contenir l'eau qu'on donne à boire aux lapins, doit être placée dans le coin de la loge qui eſt le moins expoſé aux allées & venues du lapin qui l'occupe, afin qu'il ne répande point ſon eau, & qu'il ne la ſaliſſe pas avec ſon crottin.

La cuvette doit être proportionnée à l'age des lapins. Elles doit être baſſe pour les pe-tits ; plus haute pour les lapins de trois à quatre mois ; lourde, peſante & forte pour les mères & pour les mâles, qui, ſans cela, la déplacent ſans ceſſe, & la roulent de tous côtés.

Il faut fixer cette cuvette dans la loge avec

un fil de fer, de manière qu'on puiffe la nétoyer quand elle eft fale. Il ne faut point l'attacher avec de la corde, le lapin la mangeroit ou la couperoit en petits morceaux.

·J'ai accoutumé une lapine mère, fon mâle & toute fa progéniture, qui n'avoit été nourrie que de choux & d'autres plantes légumineufes, à vivre de foin, de luzerne, de treffle, de fainfoin, & à boire de l'eau.

J'ai élevé de cette manière trois lapins, agés de trois mois; ils pefoient dix livres & demie & quatre onces, le 18 juillet 1794. Le 5 Août fuivant, j'ai trouvé qu'ils pefoient douze livres quatre onces, & qu'ils avoient acquis une livre fix onces d'embonpoint & de développement, en dix-huit jours. J'ai pefé ces lapins le matin du 18 Juillet, & le foir du 5 Août (1).

---

(1) Je les plaçois dans une corbeille fermée, que j'avois pefée avant de les y faire entrer. J'ai eu recours à ce moyen, afin de connoître certainement ce qu'un lapin confommoit, ce qu'il coûtoit par jour, & ce que fa nourriture produifoit de chair.

Avantages qu'on retire d'une garenne domestique, en nourrissant les lapins de plantes sèches.

Un avantage très-précieux a résulté de l'usage que j'ai adopté de nourrir les lapins de plantes sèches. J'ai épargné la dépense qu'occasionnoit touts les jours l'achat des herbes à lapins ; que je faisois acheter à la halle aux légumes de Paris (1).

En 1794, le prix des herbes à lapins haussoit touts les jours, & varioit d'une manière constante. Au prix des herbes qui croîssoit, il falloit ajouter la dépense de leur transport journalier. Cette dépense étoit perdue, & ne tournoit point au profit de la garenne.

Dès l'instant où j'ai substitué la nourriture sèche à la verdure, j'ai épargné la dépense des herbes à lapins. L'homme qui me four-

___

(1) Il y a un endroit destiné pour la vente des herbes à lapins. On y trouve aussi des feuilles de choux, des bottes de petites carrotes, des feuilles de chicorée, &c, qui sont uniquement destinées pour cette classe d'animaux. Ce sont les rebuts du jardinage, qui ne sont point perdus pour le jardinier, puisqu'il les vend.

niſſoit la luzerne , dépoſoit chez moi la
quantité de bottes dont j'avois beſoin. Je
n'avois d'autre embarras , que de prendre
au tas que j'en avois formé.

J'ai fait ceſſer dans les loges des lapines
mères , du mâle & de leurs enfants , la mauvaiſe odeur que produit l'excrément & l'urine
de ces animaux. Les lapins nourris de cette
manière , urinent beaucoup moins. Le crottin eſt plus ſec & moins fétide.

L'urine des lapins eſt fort infecte. Moins
on donne aux lapins de plantes aqueuſes ,
moins ils urinent. La manière de nourrir les
lapins , diminue conſidérablement la mauvaiſe odeur qui s'exhale des excréments d'un
grand nombre de ces animaux réunis. Cette
odeur diſparoît , quand on a ſoin d'enlever
touts les jours le fumier de ces animaux , de
leur donner une litière fraîche. L'odeur fétide que répand le lapin , ne vient point de la
tranſpiration qu'il exhale , mais de la putre-
faction de ſes aliments & de ſes excréments.

Heures auxquelles il faut donner à manger aux lapins , dans une garenne domestique.

Les lapins de garenne quittent leurs trous, dans les campagnes, au lever du Soleil, depuis onze heures jusqu'à midi, & le soir, une heure avant que le Soleil se couche. Il faut prendre les mêmes heures pour donner à manger aux lapins qu'on élève dans une garenne domestique.

Si on ne veut pas s'assujettir à leur donner à manger trois fois par jour , il faut alors leur donner exactement à manger de douze heures en douze heures ; mais il sera beaucoup mieux de se conformer aux usages que la nature a établis chez ces animaux.

Autant que cela sera possible, il faut donner à manger aux lapins aux mêmes heures. La nourriture qu'on leur fournit, sert à étendre la végétation de leurs corps. Si on leur fait attendre, plusieurs fois dans le jour, les aliments qui doivent l'entretenir, la presser, la forcer, on leur fait éprouver chaque jour, un befoin, une faim plus dévorante, qui eft augmentée par touts les inftants de retard que l'on apporte à la calmer. Plus on met de règle & d'ordre dans la diftribution des aliments qu'on fournit à ces animaux, mieux ils fe nourriffent, mieux ils fe portent; plus ils s'engraiffent, fe fortifient, plus ils multiplient. Le lapin croît à vue d'œil en mangeant. Il ne faut point retarder le développement de fa crue. On produit ce malheureux effet, toutes les fois qu'on augmente dans ces animaux, la durée du befoin, la fouffrance de la faim. Elle eft un tourment pour eux comme pour les hommes, puifqu'elle eft produite par les mêmes caufes.

Le befoin, la faim, font l'aiguille qui indique aux animaux l'heure où ils doivent prendre de la nourriture, réparer leurs pertes, reprendre de nouvelles forces; toutes les fois que l'heure du befoin fonne pour eux dans la campagne, & qu'ils peuvent fortir de leur trou fans danger, ils courent vîte dans la plaine moiffonner pour leur appétit.

Quantité de nourriture qu'il faut donner chaque jour aux lapins qu'on élève.

Il faut placer dans le ratelier , une poignée de foin , de luzerne , &c , ou une petite poignée de verdure, fuivant la faifon, fi on en a la facilité. La quantité de nourriture qu'on a donnée pour la durée de la nuit , doit être égale à celle qu'on a donnée pour la journée.

Une petite poignée de fon & d'avoine , mêlés enfemble , mife le matin dans l'auge d'une loge , une autre poignée à midi & à fix heures du foir , fuffifent pour chaque lapin, de l'age de cinq mois au plus. Si on ne donne point de verdure ou d'herbes vertes aux lapins , il faut leur donner à boire.

Il y a des lapins qui mangent plus les uns que les autres. Il ne faut mettre dans le ratelier de l'auge, que la quantité de nourriture que le lapin peut manger. S'il laiffe du fon dans fon auge , il faut en diminuer la quantité , lui ôter ce qu'il a laiffé , le nétoyer , le

cribler

cribler, s'il y a du crottin , & mêler le reſte avec la petite proviſion de manger qui lui eſt deſtinée , ou qu'on distribue à ſes commen-ſaux.

Pour diſtribuer le ſon , l'avoine avec éga-lité , il faut avoir une petite meſure de fer-blanc , pour les lapins les plus avancés , & pour les époques différentes du développe-ment des petits.

Plus on donne de nourriture à un lapin , plus il gaſpille ; il ne mange pas celle qu'il a rejettée , même lorſqu'on le laiſſe jeûner. Il faut lui diſtribuer ſa nourriture avec éco-nomie , proportionner la quantité qu'on lui donne, à ſon age , à ſa force , à ſes travaux; obſerver ce que le lapin conſomme , & ne lui donner que ce qui doit ſuffire à ſes be-ſoins , à ſon appétit & à l'embonpoint dans lequel on veut l'entretenir.

Quand un lapin eſt entouré de ſa petite famille , on peut lui donner plus de verdure , une plus grande quantité de fourrage ſec , augmenter auſſi la quantité du ſon & de l'avoine qu'on lui donne ; plus ſon épuiſement eſt journalier, plus il faut l'aider à le réparer.

Conſommation des lapins.

Un lapin de l'age de ceux dont il va être queſtion, nourri de plantes sèches ou de fourrage, boit à-peu-près quatre onces d'eau par jour.

Le 8 Août 1794, j'ai mis dans une ſalle de neuf pieds à-peu-près en carré, vingt-ſix lapreaux, agés de trente à trente-cinq jours.

Depuis l'heure de leur peſée, juſqu'au 18 Août ſuivant, ils ont mangé une botte de de treffle de dix livres & demie, une botte de luzerne de quinze livres.

Je leur ai donné dans le même intervalle de temps, ſix livres de ſon.

Ils ont bu quarante livres d'eau, ce qui fait un peu plus d'un ſceau.

La dépenſe de leur nourriture a monté en dix jours, à quatre livres dix ſols.

En divifant ces quatre livres dix fols par le nombre des jours employées à la dépenfe, on trouve que ving-fix lapins ont dépenfé neuf fols par jours.

En divifant ces neuf fols par le nombre de vingt-fix lapins , on voit que la nourriture de chaque lapin eft revenue à Paris en 1794; à quatre deniers par jour. Elle auroit coûté moins , fi les fourrages n'avoient pas été portés à un prix exhorbitant.

En province , la nourriture de chaque lapin , l'un dans l'autre ne doit revenir qu'à un denier , fi on prend chez foi ou fur fa terre de quoi les nourrir.

J'ai répété plufieurs fois cette obfervation , & elle m'a donné les mêmes réfultats.

Tout homme qui prendra foin d'élever des lapins , peut recommencer ces expériences , & s'affurer pendant une dizaine de jours , de fes réfultats : il connoîtra par-là la dépenfe qu'une garenne lui occafionnera , & ce qu'il y a à perdre ou à gagner , en fe chargeant de ce genre de culture.

Manière de nourrir les lapins que l'on a
fevrés.

A mefure qu'un lapin croît & fe développe, il faut augmenter la quantité de fa nourriture. Dans le premier mois de fevrage, une cuillerée à bouche de fon, fuffit le matin à un petit lapin; il faut lui en donner une pareille quantité à midi, le double pour la nuit.

Au troifième mois, il faut augmenter cette petite ration, & la proportionner toujours à l'appétit & à l'accroîffement de l'animal que l'on nourrit.

L'art d'accélérer le développement de cet animal, de preffer fa crue, confifte à entretenir fon appétit. Pour réuffir dans ce travail, il faut varier avec beaucoup de foin & d'attention, la nourriture des lapins qu'on élève. Il ne faut continuer à leur donner les mêmes aliments, qu'autant qu'il les mangent avec plaifir. Il faut changer la nourriture, lorfqu'ils paroiffent la manger fans goût, mais uniquement par befoin.

Si vous contrariez le goût des lapins que vous voulez nourrir, ſi vous les fatiguez par des refus répétés, ils ne mangent point. Quand ils ont rejettés une nourriture, ils aiment mieux jeûner, ſouffrir le ſentiment du beſoin, que de ſe nourrir d'aliments qui leur font éprouver les nauſées du dégoût.

Cette ſouffrance interrompt la végétation de leurs corps ; elles les fait dépérir. Il ne faut point s'expoſer à la néceſſité de réparer la perte de leur embonpoint. Le lapin, l'homme & tous les animaux qui vivent & rampent ſur la terre, qui s'élèvent dans l'air, ou qui ſe nourriſſent dans l'eau, croiſſent ſur leur eſtomach. Il eſt le petit pot ſur lequel ils végetent, pouſſent, & s'élèvent. Tout ce que les animaux mangent, eſt le terreau ou la terre dont ils pompent la sève végétative qui les fait ſubſtituer. Plus cette sève eſt abondante & nouriſſante, plus l'animal proſpère.

Les lapins qui paroiſſent d'un tempérament délicat, doivent être nourris, engraiffés féparément , & lorfqu'ils ont pris un peu de chair , être fervis les premiers fur la table.

Veut-on garnir le ratelier des lapins qu'on nourrit en nombre , nétoyer leur loge ; on ne fera pas embarraffé, fi on leur donne à manger le fon , l'orge ou l'avoine qu'on leur diftribue pendant le temps que l'on veut employer à garnir leurs rateliers & à les né-toyer. Dès que les auges qui contiennent leur petite ration, font pofées, touts les lapins fe rangent en foule autour d'elles. Ils ne les quittent que lorfqu'ils ont mangé ce qu'elles contiennent. Le temps que chaque lapin employe à prendre la part qui lui re-vient dans cette diftribution, fuffit pour rem-plir le ratelier , pour enlever le fumier de fa loge, & renouveller la litière.

Il faut avoir foin de fermer l'entrée du lieu où l'on élève en liberté un grand nombre de lapins, par une barrière qui les empêche d'en fortir , quand on ouvre la porte du local où ils font enfermés, & quand on y entre pour leur donner à manger, ou les nétoyer. Cette barrière doit avoir deux pieds de hauteur. Elle doit être formée de plufieurs planches qui fe pofent les unes fur les autres, à l'aide de coulisfeaux dans lefquels on les fait defcendre. Si les lapins fautent par-deffus, il faut en augmenter la hauteur.

Lorfqu'on élève un grand nombre de lapins enfemble, il faut accrocher à la muraille deux rateliers de fix pieds de longueur, de huit à neuf pouces de largeur par le haut, & de deux pouces d'ouverture par le bas, fur quatorze à quinze pouces d'élévation. Ce ratelier doit avoir un couvercle mobile, être pofé en pente, afin que les lapins ne puiffent pas s'y repofer & falir le fourrage qui doit y être placé.

On peut, fi l'on veut, placer au milieu de ce local, un ratelier à deux faces, de trois pieds de long, élevé fur deux ou trois fabots de trois pouces de haut, & fermé par un couvercle en dos d'âne.

Manière de nourrir les lapins que l'on veut
manger.

Les lapins que l'on veut manger, peuvent être élevés enſemble & en nombre. On doit conſacrer deux loges un peu grandes à cet effet. L'une ſera deſtinée à renfermer les mâles, l'autre à cloîtrer les femelles. Touts doivent être nourris de la même manière, puiſqu'ils doivent avoir la même deſtinée.

Touts les matins on doit remplir le ratelier des lapreaux qu'on deſtine à ſa table, de plantes ſèches qu'on a pu ſe procurer. On mettra dans l'auge une demie poignée de ſon, mêlé d'orge ou d'avoine ; à midi & le ſoir, on leur donnera la même quantité de nourriture.

Lorſqu'on a mis une première couche de luzerne, de foin ou de trefle dans le ratelier, il faut y mettre une tige de thym, de lavande, de ſauge de toute eſpèce, de marjolaine vivace, de ſerpolet, de mélilot, &c. ſi l'on en a ; placer les brins à différents intervalles.

intervalles. On peut y joindre une branche de toutes les plantes odorantes qu'on fe fera procurées ; fi on en a une affez grande quantité pour pouvoir former un pareil mélange.

Touts les lapins ne mangent pas d'abord indiftinctement le thym, le melilot, &c, & les autres plantes aromatiques ou odorantes qu'on pourroit leur prefenter. On les accoutume à ronger les tiges de ces plantes, en les mettant dans leur manger. Ces diverfes plantes placées par branches éparfes dans le fourrage qu'on leur donne, communiquent à leur nourriture l'odeur qui leur eft naturelle. Le lapin, en fourrant fon mufeau dans le ratelier, refpire l'odeur parfumée & aromatique du fourrage qu'on lui donne, & il s'accoutume bientôt à manger les plantes odorantes & aromatiques qui répandent ce parfum.

On peut mêler dans les grenailles que l'on donne aux lapins, les graines & feuilles des plantes aromatiques, ou fimplement odorantes, qui fe font détachées des tiges qu'on leur donne à manger.

Les perfonnes qui ont dans leurs jardins des bordures de thym, des plants de fariette, &c, doivent les y faire récolter avec foin, les faire sècher à l'ombre, & les renfermer enfuite dans des caiffes. Elles doivent étendre leurs provifions en plantes odoriférantes, à toutes celles que les campagnes & leurs jardins peuvent leur procurer. Elles gagneront plus à les recueillir, qu'à les laiffer sècher fur pied.

Les perfonnes de la campagne qui voudroient donner à leurs lapreaux, le goût, l'odeur, le parfum d'un lapin de garenne, auront foin de leur faire touts les jours, une petite litière de bruyère, de genêt, & de différentes plantes aromatiques qu'elles trouveront fous leurs mains.

On peut planter & femer pour les lapins comme pour touts les animaux dont nous nous nourriffont. Ils payent en chair ce qu'ils dépenfent en graine ou en fourrage.

Produit en chair ou en développement d'un certain nombre de lapins.

Le 10 Septembre 1794, (*vieux ſtyle*), j'ai placé dans le même endroit vingt lapins; ils péſoient enſemble cinquante - ſix livres.

Un d'eux eſt mort le 13 ; il péſoit trois livres.

J'ai peſé les dix-neuf lapins reſtants, & j'ai trouvé qu'ils peſoient autant le 13 Septembre , que les vingt lapins que j'avois peſés le 10 de ce mois ; qu'ainſi , ces dix-neuf lapins avoient pris en quatre jours , trois livres d'embonpoint.

Le 17 Septembre , à huit heures du ſoir, j'ai peſé ces dix-neuf lapins; j'ai trouvé qu'ils peſoient ſoixante livres huit onces , & qu'ils avoient acquis quatre livres huit onces de chair ou d'embonpoint , & dans dix jours , ſept livres & demi.

Les autres expériences que j'ai faites en ce genre , m'ont donné un réſultat preſque toujours pareil à celui-ci , & quelquefois ſupérieur.

E 2

Manière de nourrir les lapins auxquels on veut faire prendre du corps & de la force.

Les lapins qu'on destine à former une forte race, doivent être nourris de la manière la plus propre à remplir cette vue. Pour leur faire prendre de vigoureux développements, il faut leur donner une nourriture choisie & ragoûtante. La beauté, la force de la race que l'on veut créer, dépend du soin que l'on prendra de bien nourrir les sujets qui doivent être employés à la former.

Manière de former une belle race de lapins, & de l'entretenir.

On parviendra à grossir une race médiocre de lapins, en faisant couvrir les mères par un mâle de grande race, & en choisissant les femelles qui paroîtront plus propres à prendre le développement qu'on voudra leur donner.

Les lapins de grande & forte race, ont le corsage long, large sur le dos, les oreilles longues & d'une largeur proportionnée à la longueur de leur corps & à leur force.

Le mâle a la tête d'une forme prefque carrée ; les femelles l'ont un peu plus amincie du côté du mufeau & plus fine. Elles ont les oreilles de la même grandeur, le corfage auffi beau & auffi râblu. Les lapins de cette race donnent de plus grands produits, des portées plus nombreufes, des petits forts & robuftes. Les lapins de cette efpèce ont le poil d'un très-beau gris & très-fourni.

Les peaux de cette race de lapins font plus grandes, plus larges ; elles fourniffent une plus grande quantité de poil. Leurs corps ont plus de chair. J'en ai eu qui pefoient treize, quatorze, quinze livres.

Les lapins d'une taille petite ou médiocre, donnent autant d'embarras que ceux de la plus belle efpèce. Il faut préférer les lapins d'une belle & grande race, à ceux d'une taille foible & petite.

Si l'on veut fe former une belle garenne, il faut chercher un mâle de treize à quatorze livres, & une femelle du même poids.

Age auquel il faut employer les lapins des deux
sexes à la production de leur espèce.

Les lapines pourroient faire des petits à
l'age de cinq à fix mois. Si l'on veut avoir
des lapins d'une forte race, il vaut mieux
retarder ce travail de la nature, & ne faire
féconder les femelles, qu'à l'age de douze
à quinze mois. On gagnera en vigueur & en
force de leurs productions. ce qu'on aura
perdu à en fufpendre la précocité.

Signes auxquels on reconnoît ſi une lapine eſt en
chaleur.

Quand une femelle de lapin eſt en chaleur, fes parties génitales s'enflent & bleuif-
fent. Plus cette chaleur augmente, plus la
couleur bleue fe montre dans ces parties.
On connoît à ce figne, l'état de chaleur qui
fait defirer à une lapine, le mâle qui doit
faire cefer le feu qui s'allume dans fes veines.

Quand la femelle d'une lapine a befoin du
mâle, on la met dans fa loge, ou on fait

entrer le mâle dans la sienne ; on les y laisse
deux ou trois heures ensemble. On les sé-
pare ensuite, & on les remet l'un & l'autre
dans leurs loges.

Comment on peut réussir à mettre les femelles
en chaleur.

Si une femelle ne veut point prendre le
mâle , il faut le faire sortir de sa loge. On
doit donner à manger à la femelle pendant
quelques jours , des feuilles de céleri. Les
plantes chaudes provoqueront bientôt le
desir qu'elle n'aura pas éprouvé.

Une femelle très-grasse ne prend point le
mâle. Il faut tenir en bon état les femelles
qu'on destine à la propagation de leur espèce;
mais on ne doit pas leur faire prendre trop
de graisse , trop d'embonpoint.

Dès qu'une lapine a été couverte , elle ne
veut plus recevoir les caresses du mâle. On est
assuré qu'elle est pleine , quand elle rejette
entièrement ses desirs , quand elle le fuit ,
quand elle s'arrête ensuite & qu'elle s'accrou-

pit , fe cantonne pour fe fouftraire à la violence de fes empreffements.

Les femelles qui font pleines , & que l'on préfente au mâle , tiennent prefque toutes la même conduite. Toutes accompagnent leur refus d'un petit cri qui reffemble plutôt à l'expreffion d'un defir fatisfait , qu'à une plainte. Le mâle ne fait d'abord aucune attention ni au refus de fa femelle , ni à la langueur de fes foupirs ; il fe rend enfin à leur perfévérance. Il la laiffe concevoir, fans perfécution , le fruit de leur amour.

Temps qu'il faut employer pour la fécondation des lapins.

. L'air fe refroidit infenfiblement en Octobre , & eft froid en Novembre , Décembre , Janvier , Février ; il fe radoucit en Mars. Il ne faut point faire accoupler les lapins qu'on deftine au renouvellement de l'efpèce , dans les mois ou la température de l'air fe refroidit ou eft froide ; il faut préférer pour leur accouplement , le temps où l'air fe réchauffe , fe ranime.

Soins .

*Soins avec lefquels il faut ménager la fécondité
des lapins , & manière d'y réuffir.*

On l'entretiendra long - temps dans le
même état de force , fi on donne aux
femelles un mois ou fix femaines de repos,
pour fe remettre des fatigues de leur allaitement; fi on a foin de ne laiffer les femelles
avec les mâles , que le temps de leur accouplement.

Chaque lapine ne doit pas faire plus de
quatre portées par an. Si une lapine a paffé
quelques heures avec le mâle , le 1er. Janvier
1794 , il faut la remettre au mâle , le 14
Mars fuivant , ou foixante-treize jours après
le premier accouplement.

Le 26 Juin, ou foixante-treize jours après
le fecond accouplement.

Le 7 Août, ou foixante-treize jours après
le troifième accouplement.

Le 18 Octobre , ou foixante-treize jours
après le quatrième accouplement ; ainfi de
fuite.

F

Pour pouvoir fuivre avec exactitude l'ordre économique de ces accouplements, on doit attacher à chaque loge une carte, y écrire la date de l'accouplement, de la naiffance des petits, celle de leur fevrage, ou en prendre toutes les notes fur un petit livre qui ne fervira qu'à cet ufage.

Une perfonne qui voudra aggrandir & perfectionner la race de fes lapins, ne doit pas preffer la fécondité de fes femelles. Quand elles font belles & d'un grand corfage, elles donneront des petits d'une grande force & d'une beauté vigoureufe; fi on les laiffe paffer quarante ou cinquante jours avec la mère qui les a nourris. Dans cet arrangement, une lapine ne donnera que trois portées par an, elle employera :

A former fa portée. . . . . 31. ⎫
A les nourrir. . . . . 50. ⎬ jours.
A fe repofer. . . . . 40. ⎭

____

En tout, 121 jours.
____

Influence de la Lune fur la fécondité des lapins.

On prétend qu'une lapine qu'on a préfentée au mâle le 10 , le 11, le 12 & le 13 de la Lune, met bas des portées de dix , de douze & de treize petits. On m'a affuré que le nombre de fes petits étoit toujours égal au nombre de jours de la Lune où elle a pris le mâle.

D'autres m'ont affuré qu'il ne falloit pas faire couvrir les lapines dans le décroiffement de la Lune , parce que les portées étoient prefque toujours foibles ; qu'elles étoient nombreufes , quand les lapines étoient couvertes pendant fon éroiffant.

Je n'ai point fait ces expériences , parce que l'idée ne m'en a été donnée qu'au moment où j'avois éloigné de moi touts les inftruments qui pouvoient fervir à la conftater.

Les obfervations fur lefquelles elles portent , peuvent être fondées fur des épreuves fuggérées par le hazard : il eft fouvent l'indicateur de nos découvertes.

Les perfonnes qui élevent des lapins, peuvent s'affurer de ce fait , & les éprouver à plufieurs reprifes.

Geſtation des lapines mères , & miſe-bas de leur portée.

Une lapine porte fes petits trente à trente-un jour. Trois jours avant de les mettre bas, elle prépare fon nid. Dès qu'on s'apperçoit qu'elle approche de l'époque où elle doit mettre bas fa portée , il faut lui donner de la paille fraîche & flexible.

Conduite à tenir avec les lapines qui ont fait leurs petits.

Au moment où une lapine a fait fes petits, on doit avoir foin de ne pas la troubler, l'inquiéter. Un rien l'agite. Si on ouvre la loge avec force , fi elle a quelque inquiétude , elle fe jette fur fon nid, & fouvent fon poids étouffe un de fes petits.

Il faut ouvrir doucement la loge de chaque mère lapine , ne point mettre la nourriture avec vivacité dans le ratelier ; cet animal inquiet & timide , a l'oreille fort fenfible. Le moindre bruit l'allarme.

Une lapine fauvage à fa première portée , a tué dix petits en différentes fois , parce qu'on n'a pas eu l'attention de ne point la tracaffer , l'agiter , l'effrayer.

Les jeunes lapines font fujettes à leur première portée à dévorer leurs petits avec le délivre qui les a fuivis en venant au monde. Les fouffrances que le lait qui gonfle leurs mamelles leur fait éprouver , font bientôt le tourment qui punit ce crime contre la nature. La douleur qu'elles reffentent aux mamellons leur apprend à conferver les enfants qui doivent les leur épargner. Ces animaux ont beaucoup d'idées qui leur viennent par réflexion. L'inftinct qu'on leur donne ne diffère en rien de l'efprit de l'homme , quoiqu'il foit plus borné que lui.

Quand une jeune lapine a mangé fes petits , il faut la remettre tout de fuite au mâle. Elle le prend , & elle répare bientôt la perte qu'on a fait de fa progéniture.

Sevrage des lapins.

Le fevrage des lapins confifte à féparer les petits de la mère, dès qu'ils peuvent fe paffer d'elle, c'eft-à-dire, le vingt-huitième ou le vingt-neuvième jour de leur naiffance, ou à les priver de l'allaitement de leurs mères. Ces petits animaux demandent une furveillance très-grande, parce que leur délicateffe les expofe à une infinité de petits accidents qui les font périr. Il faut d'abord les mettre dans une loge où ils n'aient pas froid, & qui foit bien fermée ; leur donner enfuite une bonne nourriture, de la luzerne, de l'avoine, de l'orge, des pommes de terre crues ou cuites, coupées par tranches.

Il ne faut point leur donner la nourriture avec profufion, point de luzerne en verd, point de choux, de navets, &c, point de fon, à moins qu'il ne foit mêlé avec de l'orge ou de l'avoine. On peut leur donner auffi des croûtes de pain dur, caffées ou broyées, afin qu'ils ne foient point obligés de les traîner de touts côtés pour les manger.

*Les petits lapins peuvent être élevés enfemble
pendant fix femaines ou deux mois.*

Prefque toutes les perfonnes qui ont formé des garennes , n'ont pas l'attention de
féparer les petits lapins d'avec ceux qui font
d'un age plus avancé qu'eux. Ils les mettent
enfemble : ce mélange en fait fouvent périr
beaucoup.

On peut réunir dans le même endroit les
petits du même age & de différentes portées,
au nombre de trente, quarante, cinquante,
foixante, & même cent , fi on a un local
fuffifant pour les y renfermer. Quarante ,
cinquante lapins peuvent vivre enfemble
dans un hangard de dix pieds en quarré; ils
ont affez de place pour jouer & courir, mais
il ne faut pas en mettre davantage , & il
vaut mieux les élever par petites bandes,
que par centaines.

Une perfonne qui veut avoir une garenne
confidérable , doit donc faire quatre parcs
différents pour fes petits lapins.

Un pour les petits lapins qui fortent d'avec la mère, à l'age d'un mois & d'un mois & demi ;

Un pour les lapins de trois mois & demi ;

Un pour les lapins de quatre mois & quatre mois & demi, mâles ;

Un pour les lapins de quatre mois & quatre mois & demi, femelles.

Si on veut faire groffir quelques-uns des lapins de cet age, il faut les féparer, parce qu'au moment où leur vigueur fe développe, & leur fait rechercher les femelles, ils s'échauffent entr'eux, & fouvent ils fe battent par le feul effet de l'effervefcence de leurs defirs.

Si on n'a pas un local diftribué de cette manière, ou des compartiments propres à la féparation de touts les ages des lapins, il faut introduire avec beaucoup de précaution les jeunes lapins qu'on veut faire vivre dans la foule de ceux qui font nés avant eux.

Quand on veut mettre des petits lapins dans un parc qui en contient déjà un grand nombre, il faut les y faire entrer un à un,

pour

pour que cette introduction n'occasionne aucune querelle avec ceux qui y ont été introduits avant eux.

Dans une chambre qui contenoit une trentaine de lapins, j'ai renversé une corbeille qui contenoit treize petits lapins que je venois de retirer de la loge où ils étoient nés. Touts sortirent à la fois de la corbeille qui les renfermoit. Les lapins qui vivoient ensemble depuis quelque temps, s'attachèrent à leurs nouveaux hôtes, les flairèrent avec inquiétude. Ils découvrirent par l'odeur qu'ils exhaloient, qu'ils étoient une famille nouvelle, & ils les poursuivirent. Les combats qui résultèrent de cette inattention, en ont fait périr trois en vingt-quatre heures. J'ai évité cette manœuvre, en profitant du temps où les lapins mangent leur son & leur avoine, pour introduire un à un dans la loge, les nouveaux lapins que je voulois y faire habiter. J'ai employé un autre moyen pour prévenir leurs querelles. J'ai pris dans l'endroit où je voulois placer ces petits lapins, une certaine quantité de litière de ceux avec lesquels je voulois les mêler ; je les ai laiffés dans un panier fur cette litière, pendant une matinée. Ces petits lapins fe font entourés de toutes les émanations que cette litière leur a données. J'ai obfervé que lorfqu'ils ont été dans le local où je voulois les fixer, les autres lapins les ont flairé moins long - temps. L'odeur de la litière fur laquelle ils avoient repofé, leur a apparemment fait croire qu'ils étoient de leur fociété.

Quand il y a un grand nombre de jeunes lapins réunis enfemble, il faut veiller à ce que la paix règne toujours entr'eux ; furtout avoir l'attention de ne pas les effrayer. Au moindre bruit, touts ces animaux fe jettent les uns fur les autres ; les foibles font fouvent étouffés par la foule qui les preffe, & dont ils ne peuvent pas fe dégager. Dans ce mouvement, un lapin querelleur va flairer touts les individus de la fociété. S'il en eft quelqu'un qui paroiffe plus effrayé & plus agité que les autres, il fe jette fur lui & il le mord ; fouvent il arrache une lanière de ſa peau. Le lapin maltraité eſt puni ſans ſujet de l'agitation qui a troublé la garenne.

Age auquel il faut ſéparer les jeunes lapins mâles des femelles.

On doit faire ce triage au commencement du troiſième mois de leur vie, & les viſiter touts les dix jours, pour voir ſi dans ce triage on n'auroit point laiſſé un mâle parmi les femelles, & une femelle parmi les mâles.

Les lapins commencent à ſentir le deſir de ſe récréer eux-mêmes, du troiſième au quatrième mois. Il faut les mettre dans une loge particulière. Touts doivent vivre ſeuls & ſans ſociété.

On doit mettre enſemble les femelles fortes; dans une autre loge, les femelles plus foibles; dans une troiſième loge, les mâles les plus forts; dans une quatrième loge, les mâles les plus foibles. Quand on laiſſe des lapins foibles avec les forts, les foibles ne mangent point à leur aiſe; ils ſont repouſſés par les lapins forts qui dévorent tout.

Age auquel on peut manger ou vendre les petits lapins.

Les perfonnes pauvres qui nourriffent des lapins, vendent leurs petits à vingt-huit & trente jours de leur naiffance ; d'autres les retirent plus tard à la mère qui les a formés. A cet age, les lapins font fans chair & fans goût.

Un lapin eft bon à manger à trois ou quatre mois; à fix, fa chair a plus de fermeté, mais plus de goût. A cet age, il a acquis toutes les parties de fon développement.

Il ne faut pas attendre qu'un lapreau ait acquis touts les dégrés de fa croiffance pour le manger. Plus il avance en age, plus le defir de l'accouplement le tourmente, & plus ce feu s'allume, moins fa chair eft tendre.

Quinze jours fuffifent pour faire prendre à un lapreau, l'embonpoint qu'on veut lui donner.

On doit manger les jeunes mâles avant les jeunes femelles. Les mâles entrent plutôt en chaleur que les femelles. Dès que ce fentiment de la nature fé développe , leur chair perd prefque toute fa tendreté : elle eft dure quand ils l'ont fatisfait.

Caftration des lapins.

Il y a beaucoup d'avantage à châtrer les lapins mâles. Quand ils font châtrés , on peut les laiffer enfemble & en nombre ; ils fe battent moins fouvent. Les lapins deviennent une fois plus gros ; ils fe confervent tendres & très-long-temps. Leurs peaux font beaucoup plus garnies de poil ; leur poil ne perd rien de fa qualité.

L'opération de la caftration des lapins eft très-fimple ; voici comme elle s'opère :

Il faut être deux pour la faire avec fureté. L'un tient le lapin par les deux oreilles & les pattes de derrière ; l'autre prend de la main gauche un tefticule entre deux de fes doigts & , fans trop le preffer , il tend la peau qui recouvre le tefticule ; il la fend légèrement de la main droite , avec un biftouri. On doit prendre garde de l'endommager. L'ouverture de la peau doit être aſſez grande, pour que le teſticule puiſſe ſortir de la gaîne qui le renferme. Dès qu'il eſt ſorti, on coupe le petit cordon qui attache le teſticule au ventre. On met dans cette place un morceau de beurre frais. On fait la même opération pour le ſecond teſticule. Si cette opération eſt faite avec ſoin & intelligence, l'animal qui l'a ſupportée, n'a aucun danger à courir. Il ne faut pas châtrer les lapins dans la chaleur du jour, mais le ſoir.

A trois mois & demi, on doit faire cette opération. On ne doit les manger que lorſqu'ils ont atteint huit ou neuf mois, & même l'année entière; ils ſont plus beaux, ils ont plus de chair.

Un lapin châtré doit être élevé ſéparément. S'il eſt avec des lapins qui ne le ſoient pas, il ſera battu, mordu par eux; il aura de la peine à vivre & à réparer le déſordre volontaire qu'on a formé dans ſa conſtitution phyſique, & dans ſa deſtination.

Esclavage dans lequel il faut tenir les lapins.

Tout homme qui voudra tirer avantage
de la culture des lapins , doit bien se garder
de laisser les mâles avec les femelles , & de
leur permettre de vivre en liberté avec elles.
Ils en font un très-mauvais usage. Ils se
battent sans cesse ; ils se maltraitent & se
mutilent. Ils se font souvent des blessures
dangereuses. Les lapins doivent toujours
être en esclavage ; on doit à la fois régler
leurs besoins & leurs actions.

Tout lapin mâle ou femelle à l'age de
quatre mois , doit avoir une loge particulière. Un mâle qui habite avec une femelle ,
la tourmente sans cesse. Un mâle qui vit avec
un mâle , se bat souvent avec lui , le blesse
& il en est blessé. Le repos & la tranquillité
font nécessaires à la propagation de cette race
d'animaux , à la santé , à l'embonpoint dans
lesquels on veut les entretenir. Tout lapin
qui est en guerre avec ses camarades , mène
une vie inquiète , mange peu , & attrappe
avec peine la nourriture qui lui est nécessaire.

Renouvellement de la garenne.

Pour renouveller la garenne domeſtique que l'on s'eſt formée , il faut choiſir parmi les jeunes femelles , celles qui ſont les plus fortes , & qui paroiſſent les plus propres à la reproduction de leur eſpèce en beau ; réſerver également les jeunes mâles qui peuvent devenir forts gros , vigoureux , & remplir le même objet.

Le corſage que doit avoir un jeune lapin ſe connoît à la longueur de ſes oreilles & de ſes pattes.

· Un lapin de la plus grande eſpèce , qui a pris toute ſa crue , doit avoir treize pouces d'un bout de l'oreille à l'autre. Pour meſurer cette étendue , on couche horizontalement ſur chaque côté de la tête , l'une & l'autre oreille.

Une perſonne qui veut avoir une belle race de lapins , ne doit employer à leur reproduction , que les femelles & les mâles qui ſont nés au printemps ou dans les mois d'Avril , de Mai , de Juin. La température

végétative

végétative de l'air qui anime toutes les plantes, la chaleur fécondante qui accroît chaque
jour le principe de vie dans les plantes,
produit le même effet fur les animaux. Plus
l'air prend de force, d'action, de chaleur,
plus il leur donne de vigueur, plus il anime
les principes élémentaires de leur accroiffe-
ment.

On aura toujours une belle race de lapins,
fi on a foin de renouveller fa garenne domeftique touts les cinq ans; fi on remplace les
femelles de cet age par des femelles d'un an.

Un mâle peut fuffire pour une douzaine
de femelles, mais on ne doit pas lui en
donner un plus grand nombre à féconder,
ni plufieurs dans le même jour. Il faut lui
donner du repos, lui laiffer réparer les pertes de fa fécondité. lui donner le temps de
reprendre des forces, de la vigueur.

Une perfonne a fait faire dans un vafte gre-
nier cent loges à lapins. Elle les a remplies
de lapines mères, qu'elle a fait choifir parmi
les plus belles. Cet établiffement n'a pas
réuffi.

H

Les loges des femelles étoient trop petites.

Le local dans lequel elles étoient établies étoit trop froid.

La conduite de ces animaux a été confiée à des perfonnes qui n'avoient aucune expérience dans ce genre d'éducation.

La perfonne qui s'étoit chargée de nourrir un auffi grand nombre de lapines mères, n'a pas penfé non plus à préparer un local propre à la nourriture de leur progéniture.

La profufion avec laquelle on leur donnoit la nourriture, le gafpillage qui en étoit fait par une grande quantité d'animaux qui la pétriffoient avec leur urine & leurs excréments, ont caufé tant de dépenfes & fi peu de profit, que le particulier a bien vîte renoncé à une entreprife pour laquelle il avoit auffi peu de lumières. Une partie de fes lapins font morts d'indigeftions, car cet animal a, comme l'homme, des maladies qui proviennent de l'intempérance dans le manger.

On charge prefque toujours de la conduite des lapins des enfants ou de jeunes filles, ou des femmes qui veulent régler à leur gré la famille dont on leur confie la deftinée.

Les enfants tourmentent les lapins de touts les ages, & ils en font le fléau le plus redoutable.

Les filles ou femmes qui ne veulent point fuivre les leçons qu'on leur donne pour conduire des lapins, leur nuifent prefqu'autant par leur inexpérience, que par les fautes qu'elles commettent dans touts les inftants où elles s'occupent d'eux.

Le particulier qui veut avoir une garenne, & en faire une fpéculation d'intérêt, doit en confier la conduïte à un homme fage, éclairé, jaloux de remplir fon devoir, & de faire profpérer entre fes mains l'établiffement qu'on lui confie. Une perfonne qui ne fçait point réfléchir fes actions, ne doit pas être chargée de la conduite d'un troupeau, dont il faut étudier les befoins à tout inftant. Les endroits qui renferment les lapins, doivent être fermés à clef. On ne doit y laiffer entrer que ceux qui font utiles aux travaux de cette culture, ou qui doivent en furveiller les détails ou la conduite.   H 2

Maladies des lapins.

Les lapins font fujets à la fièvre comme l'homme. J'en ai vu un qui avoit la fièvre tierce, il mangeoit & buvoit beaucoup. Cette fièvre l'ayant pris au mois d'Octobre, il a été emporté par elle.

Les maladies des lapins proviennent prefque toutes :

De la qualité de la nourriture qu'on leur donne ;

De la quantité qu'on leur en fournit ;

De l'air empefté qu'ils refpirent ;

Du froid qu'ils ont éprouvé ;

Des querelles qui s'élèvent entre eux , & des combats qu'elles excitent.

Les choux, les laitues de quelque efpèce qu'elles foient , donnent la diarrhée aux lapins nouvellement fevrés. Quand ils en font attaqués , il eft rare qu'ils n'en périffent pas. Dès qu'on s'en apperçevra , on leur retranchera cette nourriture , on les féparera du refte de la fociété dans laquelle ils vivoient ; on les nourrira de plantes sèches ; on leur donnera du pain grillé. Ce régime rétablira ces petits animaux, & les empêchera de périr.

Hors le cas de la plus grande néceffité, on ne doit point donner aux grands comme aux petits lapins, des navets, des panets, des choux, de la laitue de quelque efpèce qu'elle foit. Ces plantes font beaucoup uriner les lapins.

Si, dans l'hyver, on étoit obligé de donner aux lapins quelques-uns des légumes de cette efpèce, faute d'autres fubfiftances, il faudroit leur donner des croûtes de pain fec & dur, & bien cuit.

Les petits lapins font fujets à un genre de maladie, que les petites gens appellent *le gros-ventre*, & qui eft l'effet ordinaire de ce genre de nourriture, & du fon que l'on leur donne. Cette maladie confifte dans un gonflement qui s'étend dans toute la longueur du ventre, & femble être un commencement d'hydropifie imparfaite. Si cette maladie n'eft pas bien avancée, on la guérira en réduifant touts les lapins qui en font attaqués, à un régime fec. On ne leur donnera point à boire , mais une moitié de pomme de terre ou une pomme de terre toute entière , le matin , & une le foir ; on les nourrira d'avoine , d'orge , de bled noir, de croûtes de pain très-dur , de foin , de luzerne , &c.

La trop grande quantité de nourriture que l'on donne aux lapins leur caufe fouvent des maladies.

La négligence à leur donner à manger , de même , l'économie avec laquelle on leur diftribue la nourriture , leur eft très-fouvent nuifible.

Si on la leur fait attendre , fi on oublie de la leur donner , fi on les a laiffé jeûner pendant un temps trop confidérable, les fouffrances de la faim leur ôtent alors le défir de manger. Les petits & les gros lapins réfiftent peu à cette fouffrance.

Autant la falubrité de l'air eft utile & néceffaire à la fanté & au développement des lapins , autant la putridité contribue à en arrêter l'effor , & fouvent à les faire périr.

On a fouvent vu des garennes d'une très-petite étendue, fe multiplier à l'infini, & fe détruire en très-peu de temps. Ce ravage eft venu d'une épidémie caufée par la mort d'un grand nombre de lapins, qui ont infecté la garenne. Les lapins n'ayant pu en fortir parce qu'elle étoit murée, ont été frappés de la même mortalité, dans l'enceinte dont ils n'ont pu s'éloigner.

Dans une garenne libre & ouverte de touts côtés, quand les lapins fentent quelque infection, ils fe hâtent de quitter leur ancienne demeure ; ils cherchent vîte un afyle plus falubre, où l'air n'ait aucun élément de corruption.

Au mois de juin 1794, (*vieux-ftyle*), un petit lapin a été étouffé. Je ne me fuis apperçu que fort tard de fa mort. Elle m'a été indiquée par la mauvaife odeur que j'ai fentie dans la loge. Six petits lapins, agés de dix jours, s'étoient éloignés le plus qu'ils avoient pu du lieu d'où la mauvaife odeur les avoit chaffés. Ils font morts, empeftés fans doute par l'odeur putride qu'ils avoient refpirée.

Profit qu'on retire de l'éducation des lapins.

L'éducation des lapins ne demande pas, comme on voit, un foin affujetiffant, ni une dépenfe bien confidérable. Un lapin de quatre mois ne coûte que deux mois & demi de nourriture ; puifqu'il eft allaité par fa mère pendant cinq à fix femaïnes. A trois & quatre mois, on peut le vendre ou le manger, retirer en argent ou en nourriture l'intérêt de celui qu'on a dépenfé pour le former. Plus un lapin avance en age, plus il augmente en chair, en embonpoint, en poil, en peau. Aucun moment de fa vie n'eft perdu pour l'intérêt qui le nourrit. Il ne croît que pour le bonheur de celui qui fournit à fa fubfiftance & à fon entretien.

La chair de cet animal, fon poil, fa peau, fes crottes, offrent une indemnité précieufe aux cultivateurs, aux habitants des villes qui voudront prendre foin de cette culture. Touts peuvent vendre leurs élèves, ou les manger, vendre leurs peaux, & fumer leur terre avec fon fumier.

Chair

Chair du lapin.

La chair d'un lapin de garenne eſt en général fine , délicate , & légèrement aroma-
tiſée. Celle des jeunes lapins ou des lapines
d'un an à deux , eſt pleine de ſucculence &
de goût. La chair des vieux lapins eſt sèche
& dure.

La ſaveur & le goût délicieux de la chair
du lapin , vient de la liberté dans laquelle
il vit à la campagne , & de la nature des
plantes odorantes & aromatiques dont il ſe
nourrit , & qui flattent les caprices de ſon
goût par leur choix & leur diverſité.

La chair des lapins de garenne , nourris
dans des terreins gras , humides , couverts
d'herbes aqueuſes qui croiſſent au bord des
ruiſſeaux , ou de plantes légumineuſes ou
potagères , eſt bien moins délicate & favou-
reuſe , que celle des lapins nourris dans des
lieux ſecs & fertiles en plantes aromatiques
& odorantes.

La chair des lapins nés dans une garenne
domeſtique, n'a pas ordinairement un goût

auffi délicat que celle des lapins qui vivent en liberté dans les campagnes , parce que leur nourriture n'eft pas auffi appétiffante , auffi fucculente , auffi bien choifie , variée avec autant de fagacité & de difcernement. Néanmoins , on peut perfectionner la chair des lapins d'une garenne domeftique , changer fon goût plat en un goût plus piquant , plus relevé & plus appétiffant. En nourriffant les lapins à fec , on peut très-bien corriger ce défaut & le faire difparoître tout-à-fait.

On n'aura point de peine à fe perfuader , fi on fait attention , que la luzerne , le fainfoin , le treffle , &c , doivent faire prendre , à la chair qu'elle forment dans le lapin , une faveur fort différente , de celle que lui donnent le chou , le navet , les légumes , quand ils font fa feule nourriture. Le lapin qui eft nourri dans une garenne domeftique , de foin , de luzerne , de treffle , de fainfoin , doit avoir le même goût que le lapin qui va lui - même cueillir ces plantes dans les campagnes , & qui les digère enfuite dans une garenne ouverte.

Poil du lapin.

Le poil qui vêtit le lapin est une matière de première néceffité pour notre vêture. Il est foyeux & chaud. Les bonnetiers en employent une bonne partie. Les gants & les bas fabriqués de cette matière font d'un tiffu fin, léger & moëlleux.

On arrache avec des pinces ce poil de la peau à laquelle il est attaché, & fur laquelle il est pouffé & crû.

On pelle les lapins angola une ou deux fois l'année, & on leur arrache le poil le plus long.

Ce poil entre auffi dans les manufactures de draps. Il eft la matière la plus ordinaire de la fabrique des chapeaux.

Lorfque la France étoit propriétaire du Canada, les chapeliers employoient le poil de caftor. Ils y mêloient du poil de lapin & de lièvre. Depuis que le Canada a paffé fous la domination des Anglois, comme on ne peut plus fe procurer de peaux de caftor, qu'à force d'argent, on s'eft borné en France à employer le poil de lapin & de lièvre.

Un chapeau de poil de caftor qui coûtoit, il y a trente ans, dix-huit livres, reviendroit aujourd'hui à foixante - douze ou quatre-vingt livres. Les chapeaux qui fe vendent actuellement fous le nom de caftors, font prefque touts fabriqués avec du poil de lapin.

On confomme annuellement dans les manufactures de chapeaux de France, pour quinze à vingt millions de peaux de lapin. Lyon & Paris font les deux plus fortes chapeleries de la France. Les chapeaux qui font faits de cette matière produifent environ cinquante millions. Il eft important pour la France de foutenir les travaux d'une pareille induftrie.

Un particulier qui élève des lapins, peut garder les peaux, & les donner à un chapelier, pour lui en former des chapeaux. Ceux qui font formés de cette matière, font fins, légers, d'un excellent feutre. Il entre huit onces de poil de lapin dans la fabrication d'un chapeau.

Peau épilée du lapin.

La peau de lapin, quand elle eſt épilée, ſert à faire une colle excellente, fine, légère, tranſparente & d'une conſtante ténacité. Sous cet aſpect, ce petit quadrupède préſente un autre genre d'utilité ; il fournit une matière première à quelques-uns de nos atteliers.

Le lapin eſt une plante animale très-productive. A toutes les époques de ſa pouſſe & de ſon développement, il offre un triple profit ; une chair bonne à manger, un poil dont on peut ſe vêtir, une colle qui ſert ſous toutes ſortes de formes à notre induſtrie. Son crottin qui eſt brûlant, mêlé avec de la terre, devient un excellent engrais, quand il eſt réduit en terreau. Le lapin mérite à touts égards d'être nourri & dans les villes & dans les campagnes.

En multipliant l'ufage des garennes domeftiques en France , on augmentera d'abord la
partie des fubfiftances dont le lapin fait
partie. La chair de cet animal pouffe &
croît comme une plante dans une garenne
domeftique.

On augmentera en même temps la maffe
du poil de lapin , qui eft employé dans nos
manufactures de draps & de chapeleries ,
& celle des peaux qui fervent à former la
colle dont fe fervent quelques - uns de nos
atteliers , & on gardera l'argent qu'on eft
obligé de porter chez l'étranger , pour s'en
procurer.

La rareté du numéraire , le monopole ,
ont beaucoup fait hauffer cette matière. Les
chapeaux qui font formés du poil de lapin ,
ont hauffé en raifon du hauffement du prix
de la matière première qui les forme. Ce
prix diminuera , quand cette matière fera
plus commune , quand il ne faudra faire
aucune dépenfe pour fe la procurer.

*Des lapins, de leurs espèces, de leurs ennemis,
de leurs couleurs, de la manière de la faire
changer, de leur caractère, de leur manière
de vivre dans les garennes ou les clapiers,
de leur sagacité & fécondité, de leurs passions,
affections, &c, &c, &c.*

L E lapin est un quadrupède qui a beaucoup de rapport avec le lièvre, quoiqu'il soit une espèce fort distincte de lui.

Le lapin ressemble au lièvre par sa taille, sa forme, sa vêture. Il a comme lui, les jambes de derrière plus longues que celles de devant, une queue petite, très-courte, des oreilles longues qu'il dresse & qu'il étend à son gré. Elles font pour lui une espèce de trompe, par laquelle il saisit toutes les émotions de l'air, une espèce de timpan extérieur qui est touché, frappé par touts les ébranlements & touts les mouvements que l'air peut éprouver.

Le lapin diffère du lièvre par le caractère,
& fa manière de fe loger , de vivre.

On a élevé des lapins avec des hazes , des
lièvres avec des lapins ; on n'a rien retiré de
ces eſſais. On s'eſt convaincu que ces animaux ne peuvent rien produire enſemble ,
& que la nature n'a établi entr'eux aucuns
rapports de fécondité.

Un levreau & une jeune lapine font deve-
nus ennemis, dès qu'ils ont été aſſez forts pour
s'attaquer & fe battre. La mort du levreau
a terminé leur haîne mutuelle. Les tentatives
que l'on a renouvellées à ce fujet , ont con-
duit au même réſultat. Des lièvres plus agés
ont été mis avec des lapines ; ils ont fini
promptement leur vie avec elles. Une lapine
tourmentée par les careſſes d'un lièvre très-
fort , eſt morte de fes bleſſures , & des careſſes trop dures qu'elle avoit reçues de lui.
L'antipathie entre ces animaux eſt fi forte ,
fi grande, qu'ils ne peuvent vivre enſemble.
Rien ne peut arrêter l'eſſor de la fureur
qu'elle leur inſpire.

Lieux

Lieux d'où le lapin s'est répandu en Europe.

Le lapin est originaire d'Espagne, ou de la Grèce. Il a de tout temps été fort commun dans ces deux contrées. Il s'est répandu de lui-même, ou plutôt, il a été transporté en Italie, en France, en Allemagne, & dans touts les climats tempérés de l'Europe & de l'Asie.

On ne peut élever des lapins qu'avec beaucoup de soins dans les pays froids, parce que le thermomètre de leur sang se concentre aisément, & les expose à une souffrance qui les fait mourir.

Cet animal croît & multiplie d'une manière prodigieuse dans les pays chauds. La chaleur excessive paroît convenir davantage à la nature de ce quadrupède, qu'une chaleur tempérée.

Les lapins sont fort communs dans les contrées méridionales de l'Asie ; on en a transporté dans les isles françoises de l'Amérique, & ils y ont très-bien réussi.

K.

Eſpèces des lapins.

· Le lapin eſt tout à la fois un animal ſauvage, & un animal domeſtique. On le diftingue en lapin de garenne & en lapin de clapier.

Du lapin de garenne.

Le lapin de garenne vit dans les taillis, les campagnes montueuſes & couvertes, dans leſquelles on l'a tranſporté ou établi, ou dont lui-même il s'eſt emparé. Ce quadrupède a auſſi ſon eſprit de conquête.

Les lapins de garenne ne ſont pas touts auſſi gros & auſſi gras que les lapins de clapier. Ils menent une vie plus agitée. Ils ſont obligés de chercher leur nourriture. Elle n'eſt pas toujours auſſi nourriſſante que celle du lapin de clapier. Les tranſes, les inquiétudes de leur vie arrêtent la ſeve végétative qui les anime. Touts les animaux que le malheur tourmente, ne prennent ni vigueur ni force,

Ennemis des lapins.

Les lapins en liberté font expofés à une foule d'ennemis , où qui les détruifent euxmêmes , ou qui font périr les fruits de leur fécondité , avant qu'ils ayent eu le temps de fe multiplier.

Le lapin qui s'éloigne de fon terrier , ou qui s'y retire , eft pourfuivi , chaffé à toute outrance , & fouvent dévoré par le putois , le renard , le blaireau , le furet , la belette , la marte, le chat fauvage , le chat domeflique , le chien , & par les oifeaux carnaffiers.

Le putois s'établit dans le terrier des lapins. Une feule famille de putois fuffit pour détruire une garenne entière.

Les renards déterrent les lapreaux d'une garenne. Ils les pourfuivent en plaine, quand ils font éloignés de leurs rabouillères.

Le blaireau perce les rabouillères des lapins. Il prend les petits lapins à côté de le mère.

Le furet eſt l'ennemi naturel du lapin. Un jeune furet qui n'a jamais vu de lapin , ſe jette avec fureur ſur le premier lapin qu'on lui préſente. Il le mord avec force. Si le lapin eſt vivant, il lui ſaute au col ; il l'y mord à pluſieurs reprifes ; il lui ſuce le ſang. On ſe ſert de ce petit animal pour faire ſortir les lapins de leur trou , pour les prendre dans des filets , au ſortir de leurs terriers. On perd le furet ſi on n'a pas ſoin de le muſeler avant de le laiſſer courir dans les trous des lapins. Souvent il tue le lapin au lieu de le chaſſer de ſon trou ; il s'énivre, ou plutôt il ſe gorge de ſon ſang. Il s'endort ſouvent auprès du corps mort de ſon ennemi.

Le lapin de clapier ou domeſtique , n'a point à redouter tous ces ennemis. La perſonne qui le nourrit ayant intérêt de le conſerver , elle éloigne de lui tous les animaux malfaiſants qui pourroient le tourmenter ou le détruire. S'il eſt ſans crainte , il eſt auſſi ſans plaiſirs.

Du lapin de clapier.

Le lapin de clapier eſt un animal domeſtique de la même nature, de la même eſpèce que le lapin de garenne.

On appelle clapier, des petits trous creuſés exprès, & dans leſquels les lapins ſe retirent. On donne le même nom à toutes les habitations en bois, ou en terre, ou en pierre, dans leſquelles on nourrit des lapins. Les clapiers domeſtiques ſont faits à l'imitation des clapiers de garenne.

Le mot clapier a été formé du vieux mot françois, *clapir*, qui ſignifie ſe blottir, ſe tapir, ſe cacher dans un trou.

Les lapins de clapier ne ſont pas touts de la même groſſeur, de la même force, ni de la même taille. Il y en a de petits, d'autres d'une taille plus forte.

La différence qui exiſte entre un lapin de garenne & un lapin domeſtique, ne provient que de leur éducation, de leur manière de vivre, de la dépendance dans laquelle les uns ſont ſans ceſſe retenus, & de la liberté d'idées auxquelles les autres font abandonnés. Un lapin domeſtique ou de clapier redeviendroit fauvage, s'il pouvoit fe délivrer de l'efclavage dans lequel il eſt élevé. Un lapin de garenne deviendroit un lapin de clapier ou domeſti-que, fi on le forçoit de vivre renfermé dans un clapier.

Couleurs du poil des lapins de garenne & des lapins domeſtiques.

Les lapins de garenne ont le poil gris, tirant fur le roux ; il eſt beaucoup moins fourré que celui des lapins de clapier. Le deſſous de la queue eſt blanc, & le ventre d'un blanc fale.

Ce qu'on remarque dans le lapin fauvage & le lapin domeſtique, c'eſt que la couleur grife eſt la couleur dominante. Dans toutes les portées, il y a toujours des lapins gris. Les lapins de cette couleur font toujours en plus grand nombre.

Les lapins gris domeſtiques, ne produifent que des lapins de leur couleur. Quand ils en donnent de touts blancs ou de touts noirs, c'eſt un jeu de la nature, preſque toujours produit par des accidents ſans leſquels ils n'auroient point eu lieu.

Quoique le mâle ou ſa femelle ſoient, ou touts gris, ou touts noirs, ou touts blancs, ou noirs & blancs, on remarque qu'il eſt rare que ces lapins faſſent plus de deux ou trois petits qui leur reſſemblent parfaite-ment.

Outre les lapins qui ont le poil liſſe, court & uni, tels que touts les lapins de garenne & domeſtiques, il y en a d'autres qui ont un poil long & duveteux, tels que les lapins angola. La longueur du poil fait la ſeule différence de ces ſortes de lapins. A cela près, ils reſſemblent à touts les lapins de garenne & domeſtiques, par leurs affections, leur habitude & leurs mœurs.

Les lapins angola ſont preſque touts blancs. Il y en a de jaunes, ou plutôt qui ſont d'une couleur rouſſe. Il y a beaucoup moins de variété dans la couleur de leur peau, que dans celle des lapins ordinaires; néanmoins, on pourroit parvenir à mélanger cette couleur, & à la détruire entièrement. Il eft à préfumer que la nature peut mettre les mêmes variétés en ce genre, dans cette claffe particulière d'animaux.

Il y a en France, dans la province qui a porté le nom de Champagne, une race de lapins, dont la peau eft couverte d'un poil entremêlé avec la plus exacte uniformité de noir & de blanc; on l'appelle *vrai-riche*. On devroit tâcher de multiplier cette race de lapins dans le refte de la France. Elle eft la plus recherchée, & elle mérite de l'être; parce que la peau des lapins de cette efpèce, préfente un genre de petit gris, peu ordinaire, & qui eft affez agréable à l'œil.

Les lapins noirs, fans tache d'aucune autre couleur, font les plus rares; leur peau eft plus luftrée, plus brillante que celle de touts les autres lapins. Tout ceux que j'ai eus, avoient la peau très-fourrée & très-garnie de poil.

Manière

Manière de faire changer la couleur du poil
des lapins de clapier.

La peur , le faififfement , l'effroi donné
à des lapines , dans les premiers jours de leur
geftation , influe beaucoup fur la couleur du
poil de leurs petits.

Un jour , je les effrayai dans le temps où
tout étoit tranquille , en tirant précipita-
ment de ma poche un mouchoir blanc . que
je développai comme un drapeau flottant.
A ce figne , l'effroi fut fi grand , que les
petits & les mères parurent auffi affectés les
uns que les autres. Touts fuirent en défordre
dans l'afyle ordinaire où ils fe cachoient.

Vingt-fept jours après cette expérience ,
deux lapines ont mis bas dix-huit petits
lapins. Lorfqu'ils ont eu l'age de fortir de
leur nid , j'ai vu avec la plus grande furprife ,
qu'il y avoit fix petits lapins blancs. L'efpèce
que je nourriffois étoit grife. Aucune lapine
n'avoit de tache blanche , pas même aux
pattes. Toutes n'avoient jamais mis bas que

L

des petits lapins de couleur grife. Le mâle n'avoit aucune tache blanche.

J'ai fait la même expérience dans une couleur oppofée, dans une chambre où j'avois quatre loges. J'ai effayé d'aller y donner à manger à des lapines mères, vêtu de noir, & de les furprendre par mon arrivée dans le local qui les renfermoit. La furprife, la ftupeur, que cette couleur a occafionnée à ces animaux, a fait porter à chaque femelle des petits de couleur noire, & fans aucune tache. Ces lapins qui ne m'avoient donné que des lapins gris, ont continué à me donner des portées de ces deux couleurs (1).

____

(1) Le faififfement de la peur, paroît opérer fur touts les animaux les mêmes effets. En 1786, j'avois deux petits ferins qui s'occupoient à fe créer une petite famille. Un très-bel angola vivoit chez moi depuis douze ans. Il avoit appris à diflinguer mes penfées par les mots que j'employois à les lui faire connoître. Je donnois quelquefois la liberté aux deux petits ferins. Je faifois fortir la chatte, lorfque je voulois leur donner cette petite récréation. Un jour, la chatte rentra avec une perfonne qui venoit me voir. Tant que cette perfonne fut en mouvement, la ferine refta perchée fur le ciel du lit; elle s'abattit à terre quand elle la vit affife. La chatte fe jette fur elle. ---« Ah ! monfieur, me dit-on, votre ferine eft » entre les pattes du chat ! » Que faites-vous, mignone, dis-je,

Je préfume qu'on pourroit avoir des lapins verds , rouges , bleus , fi on vouloit
prendre le moyen d'y réuffir. Il faudroit ,
par exemple , peindre en ces couleurs l'intérieur d'une loge de lapines. On ne pourroit
pas les tapiffer d'étoffe ou de toile verte ,
rouge , bleue ; la lapine mangeroit cette
tenture , ou la mettroit bientôt en loques.

On n'introduiroit la lapine fur laquelle
on feroit cet effai , dans fa loge , qu'au
moment où il feroit queftion de la féconder.
On l'y pourfuivroit , afin que la peur l'y fît
entrer. Je ne voudrois pas que le mâle fût

---

auffitôt au chat : voulez-vous bien laiffer aller ce petit ferin ,,. Le
chat leva fa patte. La ferine vola fur fa cage. Je la pris. Son petit
cœur étoit gonflé d'effroi. Elle n'avoit aucune bleffure. Je la mis
dans fa cage. Elle fe remit de fa frayeur. Elle pondit quelques
jours après. Le ferin & la ferine étoient du plus beau jaune. Les
petits qu'ils avoient fait dans les deux années précédentes , avoient
toujours été de la même couleur qu'eux , & fans aucune tache. Ceux
qui naquirent cette année , eurent l'aîle droite garnie de cinq plumes
de la couleur du poil de la chatte , qui étoit gris-chartreux. Deux
ans de fuite , leur couvée a été marquée des mêmes taches fur l'aîle
droite , fur laquelle le chat avoit pofé fa patte.

Je n'ai pas fuivi ce phénomène de la nature , parce que la perfonne
à qui cette petite famille appartenoit , en a difpofé.

dans la loge, au moment où on y introduiroit la femelle, afin qu'elle n'éprouvât pas
une feconde furprife en l'y introduifant, &
que fa penfée ne fût pas partagée par un
double étonnement. On mettroit le mâle
dans la loge au moment où la lapine fe feroit
calmée.

Il vaudroit peut-être mieux, quand la
lapine auroit été fécondée, la faire conduire
dans la loge peinte, par une perfonne vêtue
de la même couleur, que la loge où on la ren-
fermeroit, on la laifferoit dans cette loge pendant le temps de fa geftation. Cette vue
affectant vivement touts les organes du fentiment de cet animal, influeroit certainement fur l'œuvre de fa fécondité.

Tout le monde fçait que Laban avoit pro-
mis à Jacob, de lui donner, pour prix de
fes travaux, touts les agneaux dont la toifon
ne feroit pas entièrement blanche. Pour
multiplier le nombre des agneaux qui devoient lui revenir, Jacob eut recours à un
expédient pareil à celui que je propofe,
& il lui réuffit. Il jetta dans le baffin d'eau

où il menoit boire fon troupeau , des baguettes de différentes couleurs. Il avoit enlevé
l'écorce de ces baguettes à certains endroits,
il l'avoit laiſſée à d'autres. La variété de couleurs que produiſoit cette bigarure , étonna
les brebis. Cette ſurpriſe agit ſur les organes
de leur génération. Il naquit un ſi grand
nombre d'agneaux dont la toiſon étoit mouchetée , que la part de Jacob ſurpaſſa de
beaucoup le lot d'agneaux qui échut à
Laban.

Laban voulut les agneaux dont la toiſon
feroit mouchetée. Jacob ne ſit point uſage
de la petite ruſe qu'il avoit employée pour
produire la moucheture de la toiſon des
agneaux. Le nombre des agneaux touts
blancs , ſurpaſſa celui des agneaux tachés
de blanc & de noir. Ce fait s'accorde avec
ceux qui ſe font paſſés ſous mes yeux , dans
deux claſſes d'animaux fort différents. Ces
faits ſemblent devoir aſſurer la réuſſite
de touts les expédients de ce genre , que
l'on voudra employer pour obtenir des effets
pareils.

Caractère du lapin de garenne & du lapin domestique.

Le lapin de garenne en général eſt un animal doux, tranquille, timide, craintif & ſauvage, tant qu'il vit dans une garenne. Traveſti en animal domeſtique, & devenu lapin de clapier, il conſerve les mêmes qualités.

Il eſt colère, iraſcible, vindicatif.

La femelle eſt jalouſe du mâle par lequel elle eſt aimée. Elle ſe bat ſouvent avec les femelles qui partagent ſes careſſes. Dans les démêlés que cette paſſion excite, elle ſe livre à une fureur fort extraordinaire, & qui tient plus de la rage que de la colère.

La ſolitude, dans laquelle les lapins vivent, contribue beaucoup à augmenter cette iraſcibilité; elle les rend preſque touts hargneux, inquiets, ennemis de leurs ſemblables. La vie retirée produit chez les hommes les mêmes affections. Celui qui s'iſole, ne veut voir que lui dans le déſert de ſes penſées. Loin des hommes & de la

société qui les adoucit , on devient dur &
haîneux.

J'ai fait sortir de leurs loges deux lapines;
je les ai laiffées fe promener dans un efpace
d'environ huit pieds fur dix, entouré de
loges grillées. Un fentiment de curiofité
les a d'abord portées l'une & l'autre , à
regarder de chaque côté , dans chaque loge
l'animal de leur efpèce qui y étoit renfermé. Une des lapines de ces loges eft venue
à la grille avec fureur fe jetter fur celle
qui la regardoit en dehors. Ces deux lapines faifoient avec leurs griffes, au dedans
& au dehors de la loge , les mêmes efforts
pour déchirer le tiffu de fer qui les fépa-
roit. Les deux lapines mères qui fe pro-
mènoient , fe font rencontrées. Elles fe font
jettées avec fureur l'une fur l'autre ; & elles
fe feroient éventrées , fi je ne les avois pas
féparées. Cette animofité n'eft point un fentiment paffager chez les lapins , mais dura-
ble. Il fe réveille à la vue de touts les objets
qui peut l'exciter. Il s'allume avec la même
rapidité & la même force.

Les lapins de garenne font vifs, gais, fémillants; les lapins de clapier font férieux, triftes & beaucoup moins vifs que les autres. Le genre de vie qu'ils menent opère cette différence; l'un voit touts les joursdes objets nouveaux; l'autre toujours enfermé, ne voit que fon manger, & celui qui le lui apporte.

Ce quadrupêde a l'ouïe extremement fenfible; elle paroît être le guide de toutes fes affections, & l'avertiffeur général de toutes fes penfées & de fes actions.

Au moindre ébranlement qu'éprouve l'air, le lapin dreffe fes oreilles, les élargit comme des conques. Il pompe par elle toutes les émotions que l'air éprouve; il les rumine, les penfe, les réfléchit; & fouvent, fans les examiner, il fe laiffe déconcerter par elles, quand elles font trop fortes & trop fubites. L'effroi qu'un très-petit mouvement caufe au lapin, lui donne une telle frayeur, qu'il part auffitôt comme un trait, fans fçavoir où il va. Ce n'eft qu'après s'être livré à la peur qui l'a ému, qu'il recherche la caufe qui l'a fait fuir.

Manière

Manière de vivre du lapin de garenne.

Les lapins de garenne se nourrissent de thym , de genièvre , de tiges & de feuilles de serpolet , & de toutes les plantes odorantes ou inodores , dont le goût , l'odeur peut leur convenir , d'écorces & de pousses d'arbres , &c , &c.

Sagacité du lapin de garenne.

Dans des garennes ouvertes , le lapin multiplie malgré ses ennemis, parce qu'il a imaginé un moyen très-ingénieux de leur échapper.

Il se creuse des trous dans lesquels il se terre. Il y dépose ses petits , il les met par ce moyen à l'abri de touts les animaux carnassiers avec lequels il est en guerre. Il y vit, avec sa petite famille , dans la plus grande sécurité.

Les lapines de garenne creusent un terrier particulier, quand elles approchent du jour où elles doivent mettre bas. Elles pratiquent

M

une petite galerie en zig-zag, au bout de laquelle elles forment une excavation proportionnée à leur groffeur, & au nombre des petits qu'elles doivent y dépofer, & au développement qu'ils doivent y prendre. Elles y portent des herbes qui forment un premier lit ou couche, & elles s'arrachent enfuite une grande quantité de poil dont elles forment le lit de leurs petits. Elles ne s'éloignent point d'eux pendant les deux premiers jours ; elles ne les perdent de vue, que lorfqu'elles font preffées par la faim ; & dès qu'elles ont fatisfait ce befoin, elles courent précipitamment auprès de leur dépôt. Elles flairent de touts côtés le nid, pour voir fi rien n'a approché du lieu qui le renferme.

Les lapines mères foignent & allaitent leurs petits pendant un mois.

Le mâle, qui les a créés, n'entre jamais dans le lieu où ils font nés. On prétend que chaque fois que la mère fort de fon nid, elle en ferme l'entrée avec de la terre trempée avec fon urine.

A six semaines, les petits lapins viennent, au bord du trou où ils sont nés, manger du feneçon, & toutes les herbes que la mère leur présente.

Cette époque est celle de la reconnoissance des petits par le père. Il les prend dans ses pattes, il les lèche, il leur lustre le poil. Touts reçoivent les uns après les autres les mêmes caresses. Plus il leur en prodigue, plus la mere de son côté lui montre d'amour. Elle devient pleine peu de jours après cette entrevue.

La mère ne fait sortir ses petits de l'obscurité dans laquelle elle les a formés, que quand ils ont la force d'échapper à touts les animaux qui pourroient les poursuivre.

L'usage de se créer des retraites sous terre, n'est pas, à ce qu'il paroît, l'effet d'un sentiment inspiré à touts les lapins par la nature toute seule, mais par le fruit d'une expérience acquise par réflexion, & dont les leçons se transmettent chez les lapins de race en race, par des moyens que nous ne connoissons point. M 2

On a voulu repeupler les garennes détruites avec des lapins clapiers ou domeftiques. Ces lapins ayant toujours vécu dans la folitude & fans danger, n'ont point fait leurs nids dans la terre, mais fur la furface, comme les lièvres. Leur progéniture fans défenfe, a été la proie de leurs ennemis. Un inftinct plus réfléchi a fait recourir ces lapins à l'idée de fe creufer un nid fous terre, de s'y cacher, de s'y former un afyle impénétrable aux animaux deftructeurs par lefquels leurs petits avoient été détruits.

Dans la vie privée à laquelle on foumet les lapins domeftiques, ils n'ont point à craindre les mêmes ennemis, ni de voir leurs petits détruits, égorgés à côté d'eux, ou dévorés dans l'époque de leur bas age. Les petits étant foignés comme leurs mères, font défendus de touts les accidents qui peuvent les faire périr; ils arrivent touts au terme de leur développement & fans trouble & fans contrariété.

Le lapin domeftique creuferoit auffi des

trous pour fes petits, dans fa cabane, quoiqu'il foit fans ennemis, s'il lui étoit poffible d'en former.

Manière dont une lapine domeftique fait fon nid.

Quelques jours avant de mettre bas, une lapine ramaffe avec fa gueule des brins de paille, de foin les plus flexibles, les plus doux; elle les brife avec fes dents s'ils font trop longs.

Quand elle en a choifi une certaine quantité, elle les porte dans fa gueule, à l'endroit où elle doit former fon nid. Elle fait une efpèce de plancher de paille d'un pouce & demi d'épaiffeur, elle en garnit énfuite la circonférence de fon nid; elle s'y tourne & retourne, pour lui donner la forme de fon corps, & de l'emplacement qu'elle doit occuper, pour y dépofer fes petits. Quand elle a réuni touts les brins de paille qu'elle croît néceffaires pour rendre fon nid mol, duveteux & chaud, elle met une feule paille en travers dans fa gueule, & avec fes deux dents de devant, elle s'arrache le poil du col, du ventre, des cuiſſes, & elle le porte enſuite dans l'intérieur de ſon nid.

La paille que la lapine poſe en travers dans ſa gueule, ſert à empêcher le poil d'entrer dans ſon goſier, & de s'y attacher. Ce poil ſert à garnir de touts côtés le nid, à y former un duvet chaud et moëlleux, qui défende ſes petits des impreſſions du froid.

La forme qu'une lapine donne à ſon nid, eſt la même qu'une lapine de garenne feroit prendre à ſon trou ou nid. La ſeule dif-férence qui exiſte entre les deux, c'eſt que la paille dont l'un eſt formé, s'étend & s'élargit à proportion que les petits croiſſent; au lieu que le trou d'un lapin de garenne reçoit tout de ſuite l'étendue qu'il doit avoir pour pouvoir nourrir, allaiter à l'aiſe les petits qui doivent y groſſir pen-dant ſix ſemaines.

Fécondité merveilleuse des lapins.

Les lapins fe reproduifent avec une fréquence merveilleufe & prefque incroyable. Cette multiplication prodigieufe provient de plufieurs caufes. Les femelles font prefque toujours en chaleur, ou du moins en état de recevoir le mâle.

Les lapins s'accouplent plus fouvent; ils produifent en très-peu de temps & plus fréquemment. Ils donnent fouvent des portées de dix à douze petits. Une femelle a fait dix-huit petits d'une feule portée, & elle les a nourris, parce qu'on lui a donné une nourriture forte, abondante & fucculente. Les mères ont une double matrice, comme les femelles de lièvre.

Une lapine donne des petits touts les mois; quoique pleine, elle peut nourrir fes petits jufqu'au vingtième jour. On peut faire l'effai de cette fécondité : mais fi on veut conferver la lapine, il ne faut pas doubler cette expérience. Ce quadrupède périroit d'épuifement à une feconde épreuve.

Jalousie du mâle.

Un mâle est jaloux de toutes les femelles qu'on lui donne, ou qu'on lui fait connoître. Si on lui en présente une qui ait habité avec un autre mâle, il la bat, dès qu'il l'approche. J'ai déposé un jour une femelle dans une loge, qui avoit été occupée par un jeune mâle. Elle y resta assez long-temps pour être pénétrée par ses émanations, ou par celle de la litière sur laquelle il avoit reposé. Trois heures après, je la remis dans une loge avec un mâle, par lequel je voulois qu'elle fût couverte. Dès qu'il l'eut flairée, il la battit & la maltraita beaucoup; il l'auroit blessée grièvement, si je ne les avois séparés. Je devinai bientôt la cause qui attiroit à cette femelle ces mauvais traitemens. Je fit renouveller la litière de la loge dans laquelle elle étoit. J'y laissai la lapine pendant trois jours. J'y portai le mâle : il flaira de touts côtés, & bientôt il fit les plus grandes caresses à la femelle que je lui avois donnée.

Attachement

Attachement des mâles pour les femelles.

Le mâle ne quitte point la lapine qu'on lui a donné, quand elle entre en chaleur. Le tempérament d'un lapin mâle eſt très-concentré & ſi chaud, ſi ardent, ſi amoureux, qu'en moins d'une demie heure, il la couvre quelquefois cinq à ſix fois.

. Dans cette inflammeſcence de deſirs, la lapine ſouvent ſe remet ſur le mâle, & paroît bondir ſur lui de plaiſir. Quand elle lui a prodigué toutes ſes careſſes, elle ſe couche ſur le ventre à plate terre ; ſes quatre pattes ſont allongées, les unes en devant, les autres en arrière & de côté. Elle exprime par un petit cri l'impreſſion du plaiſir qu'elle a éprouvé. Le mâle y répond par un petit beuglement prolongé, qui eſt terminé par la chûte de tout le corps du mâle à côté de celui de la femelle dont il a joui. Ses chûtes paroiſſent être plutôt l'effet du délire de ſes plaiſirs, que de l'affoibliſſement qu'il a éprouvé par eux ; car il ſe relève avec une ſi grande vivacité ; il re-

N

tourne à la femelle avec tant d'ardeur, que touts fes defirs paroiffent moins éteints que fatisfaits.

Le lapin mâle qui eft en liberté avec plu-fieurs femelles, eft fouvent le pacificateur de leurs querelles. J'ai vu des femelles fe battre; le mâle courir à elles, & fes regards, faire ceffer la fureur avec laquelle elles fe battoient.

Le lapin a le flair très-délicat, très-fen-fible & très-pénétrant. Dès qu'il s'apperçoit de l'impreffion qu'a laiffé le toucher de la main de l'homme fur le poil qui couvre fes petits, ou fur la paille ou le foin qui les enveloppe, fa tête fe retire d'un air penfif; il rumine le fentiment qui l'a affecté. Il femble chercher à deviner qui a répandu fur la furface de fon nid, les molécules aériennes qui ont faifi fon odorat. Il paroît rechercher l'effet qu'elles peuvent opérer fur les fruits de fon amour, penfer à ce qu'il a à faire pour les défendre de l'inquiétude que lui infpire le corps étranger qui a approché de fon nid , & qui y a laiffé une émanation dont il ne connoît pas la caufe & les rapports.

Une lapine très-belle avoit mis bas huit petits. La perfonne à qui on en avoit confié le foin , a voulu les voir , les compter le premier jour de leur naiffance ; la mère les a tués la nuit.

Les jeunes lapines à leur première portée font fort fujettes à cet écart de la nature. Comme elles n'ont pas éprouvé la douleur qu'occafionne le gonflement de leurs mamelles , quand il n'eft pas diminué par le tettement de leurs petits , elles ne foupçonnent point l'inconvénient auquel elles s'expofent en les tuant par inquiétude. La fouffrance leur apprend bien vîte à les épargner. Le mal que l'on craint pour foi , empêche fouvent celui qu'on voudroit faire aux autres. La douleur que caufe aux animaux le gonflement de leur lait , eft le principe de l'intérêt qu'ils prennent à leurs petits.

Manière dont une lapine allaite ſes petits.

La lapine allaite ſes petits aux mêmes heures auxquelles elle va chercher à manger dans les campagnes. Elle poſe ſes pattes de devant.& ſon muſeau dans l'angle de ſon nid. Elle préſente ſon ventre qu'elle allonge autant qu'elle peut. Chaque petit s'attache à un mamelon, & s'y tient renverſé, ſuſpendu, tant que la mère reſte dans la même ſituation. Elle ſe retire, lorſqu'elle ſent que ſes petits ont pompé tout ſon lait.

Dans l'hiver, elle crêpe le poil qui les couvre & elle mêle ce duvet, elle l'étend avec ſes pattes, & elle le fait gonfler avec ſon muſeau, comme de la mouſſe. Ce poil ſe ſoutient au-deſſus de ſa famille comme une calotte mouſſeuſe. Il forme un voile qui ſert à laiſſer tomber la lumière avec moins de force dans les yeux de ſes petits, au moment où ils s'ouvrent au jour qui doit les éclairer. Toutes les lapines n'ont pas pour leurs petits une attention auſſi délicate & auſſi recherchée.

Lorfqu'une lapine a fait fes petits . elle eft toujours auprès d'eux. Elle regarde fans ceffe d'un air inquiet , l'endroit où elle les a dépofés. Elle s'en approche de temps en temps. Elle pofe fon mufeau fur le poil qui les couvre. Elle écoute s'ils ne s'agitent point, s'ils ne fe plaignent point.

Dans une galerie de quatre pieds, j'avois formé une loge de fept pieds le long , fur un pied de large. Cette loge étoit fermée par un grillage de fil de fer; elle renfermoit une lapine très-belle. Un chien pourfuivi eft entré dans cette galerie , pour fe fouftraire aux coups dont on le menaçoit. Dès que la mère des petits lapins l'a entendu monter , elle a vîte couru à fon nid ; elle a ramaffé avec vivacité toute la paille qu'elle a trouvée autour d'elle ; elle en a couvert fa portée , afin de la fouftraire aux regards du chien. Elle a fait un cri fi aigu & fi prolongé , qu'on a couru fur - le - champ à fon fecours , & découvert l'objet de fon inquiétude.

Manière dont les lapines mères apprennent à manger à leurs petits.

Au quinzième, seizième & dix-septième jour de la naissance des petits d'une lapine, il faut avoir soin de lui donner des feuilles plus tendres & plus appétissantes. C'est ordinairement à cette époque qu'une lapine approche de ses petits des feuilles de légumes dont elle est nourrie. Elle en mange devant eux, & par cet exemple, elle leur apprend à manger. Elle ne cesse pas pour cela de les allaiter aux heures accoutumées; mais en leur faisant prendre un peu de nourriture, elle diminue la faim qui les presse. Elle prévient elle-même l'épuisement auquel une famille trop nombreuse la conduiroit, si par cette sage économie elle ne diminuoit pas dans ses petits la force du besoin.

Tant que les petits lapins ne sortent point de leur nid, les mères ne sont point tourmentées par eux. Ils ont des heures réglées auxquelles elles s'approchent d'eux; mais quand ils peuvent courir, aller & venir, ils les fuivent par-tout; ils ne leur donnent pas le moindre repos. J'ai remarqué fouvent que pour fe foustraire à ce tourment de la nature, les lapines mères fe réfugioient fur le couvercle du ratelier, & que par-là, elles fe déroboient aux pourfuites inquiétantes de leurs petits, pendant tout le temps qui convenoit à leur repos.

Refpect & amour des petits lapins pour leur père.

Monfieur de Buffon parle de l'amour, de la déférence des petits lapins pour leur père.

Dans un endroit où j'avois placé une trentaine de lapins, agés de cinquante jours, j'ai porté un jour le mâle dont ils étoient nés, & qu'ils n'avoient jamais vus. Dès que je l'eus dépofé fur le carreau, touts coururent à lui avec l'empreffement de la joie & du plaifir. Il fut couvert de touts les baifers de fa poftérité. Le mâle rendit à touts fes enfants toutes les careffes qu'il recevoit d'eux. Il leur exprimoit fon amour, fa tendreſſe , par le plaiſir avec lequel il en ferroit quelques-uns entre ſes pattes , & les léchoit touts.

Tendreſſe des petits lapins pour leurs mères , & des mères pour leurs petits.

Au cinquantième jour de la naiſſance de trois petits lapins , j'ai fait paſſer une ſoirée à leur mère avec un mâle. J'ai reporté la femelle dans ſa loge.

L'abſence de la mère a donné beaucoup d'inquiétude à ſes petits. Ce ſentiment a été exprimé par leur ſurpriſe , leur inquiétude , quand ils n'ont plus retrouvé leur mère autour d'eux. Les trois petits lapins ſe tenoient dreſſés ſur leurs pattes le long du grillage qui les renfermoit , comme s'ils avoient ſçu que leur mère étoit au-delà de la petite barrière qui les contenoit.

J'ai rapporté la mère dans ſa loge , après quelques heures. Dès qu'elle a retrouvé ſes enfants , touts ſe ſont jettés ſur elle ; elle a reçu leurs careſſes avec l'ivreſſe dont la nature

nature feule peut peindre l'expreffion. Ils
fe font faifis de fes mamelons. Le plaifir qu'ils
éprouvoient en la tettant , fe remarquoit
aux frémiffements de touts leurs fens , aux
fenfations convulfives qu'ils éprouvoient.
Touts étoient étendus fur les reins , frétil-
lant de joie & de plaifir. La mère les léchoit
alternativement , & leur rendoit toutes les
careffes qu'elle recevoit d'eux.

Les jeunes lapins ont la curiofité des
enfants ; ils touchent à tout comme eux.
J'ai placé dans un local affez étendu, entouré
de loges grillées, deux petits lapins de deux
mois. Au premier moment où ils y font en-
trés , ils ont commencé à flairer touts les
objets qui s'y trouvoient , & à s'arrêter fur
ceux qui étoient nouveaux pour eux. Leur
flair, leur odorat, leur tient lieu de touts
les fens du toucher.

Un d'eux ayant paffé fon petit mufeau à
travers des mailles de la grille , une femelle
lui emporta, en le mordant, une partie de
la lèvre fupérieure. Cette fouffrance a rendu
long-temps cet animal chétif.

O

Attachement du lapin de clapier, pour ceux qui ont soin de lui.

Le lapin est sensible aux soins que l'on prend de lui ; il connoît très-bien la main qui lui donne à manger. Il aime à être caressé, flatté par elle ; & si on l'apprivoise, il suit comme un chien, & souvent il prend avec son maître, une assurance, une hardiesse qui paroît éloignée de son naturel. Il a l'inquiétude de l'amitié ; quand il aime quelqu'un, il court à lui dès qu'il l'apperçoit.

Plus ils sont apprivoisés, plus ils sont embarrassants, quand on leur donne à manger, ou quand on veut nétoyer le local qu'ils occupent ; touts viennent en foule se ranger autour de celui qui est chargé de ce soin. Avant d'enjamber la barrière qui ferme la porte au tiers de sa hauteur, on doit regarder d'abord l'endroit où l'on veut mettre le pied ; écarter tout doucement les petits lapins qui se placent sur le pas que l'on l'on veut former, marcher avec la même attention dans leur loge.

Lapins mangent en commun, s'approprient le manger de leurs commenſaux.

Les lapins qui mangent en commun & à la même auge, de l'orge, du bled noir, de l'avoine, du ſon, tirent ſouvent à eux l'auge elle-même, afin d'approcher d'eux la graine qui eſt placée devant les lapins qui ſe trouvent à côté d'eux. Ils font ce que feroit un homme qui, étant à une table commune, tireroit à lui les plats dans leſquels il y auroit encore de la viande qu'il voudroit manger.

D'autres lapins vont mordre au derrière, le lapin qu'ils veulent déplacer. Celui-ci chaſſé par la ſouffrance qu'il éprouve, ſaute par-deſſus l'auge. Le lapin mordu prend alors une place, s'il en trouve une vuide, ou il s'en fait faire une par le même moyen. Le droit du plus fort eſt chez ces animaux le premier titre de la propriété.

Les lapins s'arrachent la nourriture de la gueule. Si dans une loge d'une quarantaine de lapins, vous y jettez un morceau de pomme de terre, ou des feuilles de verdure, touts fe jettent à la fois fur l'objet qu'ils ont vu tomber. Ils courent à la fuite du lapin qui eſt arrivé le premier fur la choſe qui a frappé leurs regards. Ils tournent autour de lui pour la lui arracher. Souvent ils paſſent pluſieurs fois dans l'endroit où elle eſt tombée, fans s'y arrêter, & tournent toujours pour la trouver, jufqu'à ce que l'un d'eux l'ait faiſie. Les lapins les plus foibles font emportés par l'impulſion générale qui a été communiquée à la garenne. Ils font preſſés, foulés dans une courſe pour laquelle leur petit corps, n'a point aſſez de reſiſtance pour éviter & fuir ce tourment. Les lapins de touts les ages fe conduiſent touts de même, quand ils font en nombre. Je nourriſſois dans une chambre une quarantaine de femelles, agées de quatre mois. Je jettai des pommes de terre coupées par tranches : les femelles fe précipitèrent fur elles ; pluſieurs lapins mangeoient à la même tranche.

Lapins querelleurs.

Il y a des lapins qui font plus turbulents les uns que les autres. J'en ai vu à trois mois, qui s'étoient rendus maîtres de la garenne ; il falloit que tout pliât devant eux. J'ai mis dans un même endroit, des lapins de trente jours, de différents fexes ; ils y ont vécu enfemble fans querelle & fans combats. J'ai vu règner entre eux cette douce intelligence, tant que la nature ne leur a pas fait éprouver le defir de fe ré-créer eux - mêmes. Dès que le quatrième mois de leur vie a commencé à développer dans eux le defir de fe reproduire, les mâles les plus forts ont déclaré la guerre aux mâles de leur age ; ils les ont attaqués, battus : fouvent ils les ont dépouillés de touts les inftruments de leur fécondité. Les lapins bleffés fe font tapis dans des coins, qu'ils ont quittés toutes les fois que le vainqueur en a approché. Les bleffures qu'ils ont reçues fe font guéries ; mais la tranquillité n'a plus exifté pour eux dans le lieu de leur défaite ;

ils ont été pourſuivis par les femelles & par les mâles.

Le ſentiment de colère & d'emportement que chaque lapin éprouve à la vue d'un autre lapin de ſon age, qui éprouve les mêmes ſenſations que lui, eſt un mouvement général & commun à touts les individus de l'eſpèce. Les lapines ſe jettent avec la même fureur & le même emportement ſur les femelles, que les mâles ſur les mâles. Les combats entre eux ne ceſſent que par la retraite de celui qui ſe ſent le plus foible, & qui ſe ſouſtrait par la fuite à une lutte dans laquelle il n'a point d'avantage. J'ai vu des lapins qui ne ſe contentoient point d'une première victoire : ils revenoient à la charge ſur un ennemi vaincu.

Un lapin eſt-il attaqué, veut-il céder à ſon adverſaire, il baiſſe la tête devant lui ; il étend ſes oreilles ſur ſon dos, & il ſe tient immobile. Cette attitude eſt parmi ces animaux, l'expreſſion tacite de la dépendance & une connoiſſance de la ſupériorité qu'un lapin a ſur l'autre.

Amour du lapin pour la tranquillité.

Le lapin aime la tranquillité & le repos ; il préfère l'exiſtence des bois & des monta- gnes au tumulte des villes. Le moindre bruit l'agite par-tout, l'inquiète, le fait fuir.

Senſibilité des lapins de clapier au froid.

Les lapins ſont fort ſenſibles au froid. Dans l'hiver de 1794, j'avois enfermé, dans une pièce expoſée au Midi, une trentaine de petits lapins ; trois périrent de froid pendant la nuit. Je fis former dans le même jour, dans une pièce de dix - neuf pieds de long, ſur dix de large, & ſituée à l'Orient, une douzaine de loges où j'enfermai toutes les femelles & les mâles de ce troupeau. A trois pieds de l'entrée de la porte, j'avois fermé la largeur de cette pièce, par une barrière de deux pieds. L'eſpace qui reſtoit libre, étoit deſtiné à faire vivre en commun touts les petits lapins. Je mis autour des loges, une petite banquette de paille, d'un

pied de large , de deux pouces d'épaiffeur.
La chaleur de touts ces animaux fit élever
dans la journée le thermomêtre de deux
dégrés au-deffus de la glace , & depuis ce
temps , aucun de ces petits lapins ne fut
la victime du froid.

Timidité des lapins.

J'ai élevé dans un autre endroit & en
liberté , trois femelles & un mâle. Touts
trois ont eu une portée de dix lapins , à
des époques différentes. Elles m'ont paru
vivre dans la meilleure intelligence.

J'allois quelquefois m'affeoir dans l'endroit
où elles étoient enfermées. Ce lieu avoit plus
de quinze pieds d'étendue , fur neuf de
large. Dès que je m'étois affis , je formois
à mes pieds des petits tas d'avoine ou d'orge.
Au moment où j'arrivois , les petits & leurs
mères fe réfugioient fous de grandes caiffes
auxquelles j'avois fait former des embrâ-
fures par lefquelles ils y entroient. Touts ref-
toient immobiles dans les caiffes , tant qu'ils
entendoient

entendoient du mouvement. Après trois ou quatre minutes de repos , un petit lapin fortoit d'une des caiffes. Il regardoit de touts côtés , s'il n'y avoit aucun fujet d'alarme. S'il appercevoit quelque objet nouveau pour lui , il rentroit vîte dans fon afyle. Si rien ne paroiffoit devoir l'inquiéter , il frappoit la terre, à plufieurs reprifes, de fes deux pattes de derrière. Ces fignes répétés annonçoient à touts fes petits camarades que tout danger étoit paffé , & qu'ils pouvoient fortir & jouer en liberté.

A ce fignal , touts les lapins fortoient les uns après les autres , de leurs cachettes différentes , & touts jouoient , bondiffoient enfemble. L'un d'eux découvroit les petits tas d'avoine que j'avois formés à mes pieds. Touts y venoient , y couroient , fe plaçoient en rond & mangeoient enfemble. Les mères fortoient les dernières ; elles venoient enfuite manger avec leurs petits. Le mâle moins farouche , n'ayant point partagé leur effroi étoit refté à la place où je l'avois trouvé ; il alloit & venoit, comme fi je n'étois pas entré dans le lieu qu'il habitoit.

Quand je me fus amufé à voir manger enfemble touts ces petits animaux, je frappai plufieurs coups fur une des caiffes qui étoient deftinées à leur fervir d'afyle. L'effroi fut fi grand, qu'ils fautèrent, bondirent & gravirent le long des murs à la hauteur de quatre à cinq pieds, & touts de concert, ils s'enfuirent dans les lieux où ils pouvoient fe tapir.

Après ce fecond effroi, j'attendis très-long-temps la fortie de ces petits animaux, de touts les trous où ils étoient allés fe nicher. Je reftois tranquille, immobile, pour les raffurer. Une défiance générale retenoit touts les lapins dans leurs cachettes. Enfin ils fortirent. Le plus jeune, comme le plus imprudent, parut le premier.

J'ai remarqué que cette petite vedette étoit plus inquiète qu'auparavant, parce qu'elle rentra dans fon trou, fans avoir été excitée à prendre la fuite par aucun bruit. Le petit lapin obfervateur, ayant vu qu'aucun

objet ne pouvoit l'inquiéter , revint quatre
minutes après , préfenter fa tête à l'entrée
d'un trou ; il fortit enfin tout-à-fait. Il exa-
mina de nouveau très-attentivement le petit
horifon fur lequel fa vue s'étendoit. Il fe dref-
fa plufieurs fois fur fes deux pattes de derrière,
pour l'obferver de toute fa hauteur. Ce ne
fut qu'après être refté quelque temps immobile auprès de fon trou , qu'il donna le fignal
de la tranquillité , en frappant fortement de
fes deux pattes de derrière fur le fol qui
le portoit. La refonnance de ce coup amena
une minute après deux autres petits lapins :
& touts vinrent les uns après les autres. Les
plus vieux fortirent les derniers.

Les lapins fe parlent , à ce que je crois,
par fignes , par geftes , comme les muets;
leur langage part de leurs yeux : il eft prefque tout exprimé par eux.

Il y a certainement chez les lapins des
fignes de convention , par lefquels ils fe
communiquent leurs penfées. La répétition
de ces fignes apprend aux petits lapins à

diftinguer ce que ceux qui font plus agés fe difent entre eux. Ils apprennent par eux à parler le même langage. Je fuis perfuadé que, fi on étudioit avec plus d'attention & de réflexion les rapports de ces animaux & leurs fecrètes intelligences, on parviendroit à entrevoir une partie du langage muet qu'ils fe tiennent.

Touts les animaux qui vivent feuls ou en fociété ont leurs idées, leurs affections rai-fonnées, leurs penfées plus ou moins réfléchies. Ils ont des moyens de fe les communiquer, que nous ne connoiffons point, mais qui font réels & fouvent fenfibles.

J'aurois fait un plus grand nombre d'obfervations fur le caractère & les mœurs des lapins, fur leur efprit, leur fenfibilité pour tout ce qu'ils produifent, fi j'avois continué plus long-temps à vivre au milieu de leurs familles. Mais le retour de l'abondance des denrées m'ayant fait abandonner la culture de ces animaux, à laquelle le befoin feul des subsistances m'avoit attaché , j'ai éloigné de moi touts les petits êtres que j'étudiois dans leurs goûts, dans leurs appétits , leurs plaisirs , leurs querelles & leur industrie (1).

Ce que cette étude m'a appris, c'est qu'en nourrissant des lapins de clapier des mêmes plantes que moissonnent les lapins dans les garennes ou les campagnes , les lapins domestiques acquièrent le même goût, la même saveur que ceux qui vivent en liberté dans les plaines. La bonté des lapins de clapier dépend , comme on voit , d'une attention fort simple. Nourrissez-les comme des lapins de garenne ; donnez-leur les mêmes herbes ; reveillez leur goût par la variété & la faveur de leurs aliments : une nourriture pareille donnera les mêmes produits.

---

(1) J'allois souvent passer des heures entières dans les chambres où ils vivoient. Une barrière me séparoit des lapins que je voulois observer. Je restois immobile au milieu d'eux , afin de ne leur inspirer aucune inquiétude, aucun trouble. J'écrivois sur une table qui étoit placée à côté de moi, tout ce qui se passoit sous mes yeux. Quand touts étoient tranquilles, je lisois. J'interrompois ma lecture , quand un d'eux remuoit, changeoit de place.

J'ai vu aussi que le lapin rend beaucoup plus qu'il ne dépense. La chair qu'il fournit surpasse en valeur tout ce qui a été employé à la former.

Les soins qu'on prend de ce quadrupède ne sont jamais infructueux, quand il est nourri avec soin, & surveillé dans ses actions & ses besoins.

Cet animal travaille à la chose, pour laquelle on le nourrit, avec intelligence & avec une constance qu'aucun moment de sa vie ne dément.

Il se multiplie lui-même avec un empressement, avec une activité si grande, qu'on diroit presque qu'il devine l'intérêt pour lequel on l'entretient, & qu'il veut payer avec usure les soins dont il est l'objet.

Il n'y a pas, dans la vie des lapins, un seul moment de perdu pour l'intérêt qui les soigne. Touts les jours on augmente,

La chair dont ils sont formés ;

Le poil dont ils sont couverts ;

La peau qui les enveloppe ;

Le fumier, qui fert à faire pouffer &
végéter les herbes, les plantes dont on les
nourrit.

On doit prendre un intérêt général à ce
quadrupède, qui eft utile fous tant de rapports.

Le foin qu'on lui donne eft un amufe-
ment qui n'exige pas une grande fujétion ,
& dont il récompenfe très-bien celui qui
le prend.

Si on examine les mœurs du lapin , on le
voit plein de douceur dans fa famille , rem-
pli de reconnoiffance & d'amitié pour ceux
qui le nourriffent.

Si on obferve fa manière de vivre , on remarque qu'elle eft uniforme & conftante ,
réduite à un petit nombre de befoins qu'il
eft très-aifé de fatisfaire , parce qu'ils n'exi-
gent pas une grande dépenfe.

Si on s'arrête à l'objet que le lapin a à remplir fur la terre, on voit avec furprife qu'il

n'a d'autre befoin que de travailler à fa reproduction, pour celui qui le nourrit, & qu'il prend un plaifir continuel à s'en occuper. Sa vie toute entière eft confacrée à ce travail. Quand il a atteint l'époque de fa fécondité, il ne perd pas un moment pour la mettre en œuvre. Dès qu'il en a développé les fruits, il en a le plus grand foin ; il veille fans ceffe autour d'eux ; il fe réjouit de leurs plaifirs & de la vie qu'il leur a donnée, & qui s'agrandit touts les jours fous fes yeux.

Le lapin meurt. Il ne ceffe pas d'être utile ; il couvre de fa dépouille celui qui l'a nourri ; il le défend du froid par fa fourrure.

TABLE

Des Matières contenues dans cet Ouvrage.

Q

Q 2

F I N.

Paris, ce 13 Brumaire, an VII de la République
Françoife, une & indivifible..

JE fouffigné Confervateur des Livres imprimés de la BIBLIOTHÈQUE
NATIONALE, certifie que le Cᵉⁿ. *Luneau de Boisjermain*, a, con-
formément à la Loi du 19 Juillet 1793, (*vieux-ftyle*), an **II** de la
République, dépofé à ladite Bibliothèque, deux exemplaires d'un
Ouvrage *in-8°.* de fa compofition, intitulé :

*De l'Education des Lapins, ou de l'art de les loger dans des
garennes domeftiques, de les nourrir & multiplier, de foigner leurs
petits, d'améliorer leurs races, & de les rendre auffi bons & auffi
agréables à manger que les Lapins de garenne. A Paris, Rue ci-
devant Condé, n°. 7; An VII.*

En foi de quoi, j'ai délivré le préfent certificat, pour fervir
& valoir ce que de raifon.

VAN PRAET.

9 782329 414928